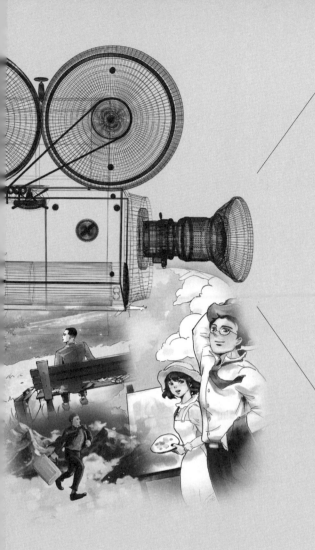

泌尿科醫師的電影處方箋

28部經典電影，讓你性福‧健康有醫劇

鄒頡龍——著

中國醫藥大學泌尿科教授級主治醫師

目錄

Part I

性福人生有醫劇

Part III

找回健康有醫劇

從電影裡的人生百態看醫學與健康

中國醫藥大學暨醫療體系董事長　蔡長海

　　醫學是促進人類身體健康、預防、診斷以及治療疾病的科學。醫學除了應用基礎醫學的理論與發現，例如：生化、生理、微生物學、解剖、病理學、藥理學、統計學、流行病學等，來治療疾病與促進健康之外，醫學也具有人文與藝術的一面，不僅治療身體，也醫治人們的心靈。

　　隨著醫學模式的轉變，醫學的人文與藝術性也愈來愈受重視。電影結合了文學、音樂、攝影、美術等元素，有的敘述故事，有的表達意念，自從 19 世紀電影發明以來，帶給人們視覺與聽覺的享受，也豐富了人們的心靈，電影透過無限的想像空間，可以讓人們產生心靈上的特殊感受，也就是一種深入人心的感動。

　　電影與醫學，看起來不相干的兩個領域，卻有著奇妙

連結。好的電影，描述人生百態，包括生、老、病、死，因此，醫學常是電影中經常涉及的主題。如果能從膾炙人口的電影來談醫學，透過電影中許多生動的情節或靈活的語言，更可以幫助社會大眾了解深奧的醫學。

作者鄒頡龍教授的《泌尿科醫師的電影處方箋》，正是將醫學與電影做了很好的結合。從大家耳熟能詳的電影，例如《阿甘正傳》、《星際大戰》等名片談起，再帶領讀者進入醫學主題，深入淺出，並且都是大家最關心的健康主題，搭配繪製精美的電影情境以及醫學插圖，非常值得閱讀與欣賞。

鄒頡龍教授目前擔任中國醫藥大學附設醫院泌尿科主治醫師、中國醫藥大學醫學系教授，曾前往德國萊茵科技大學和美國康乃爾醫學中心進修，不論在臨床服務、教學、醫學研究方面，都有優異的表現，深受病患和學生的肯定與好評。

鄒教授在繁忙的醫療工作中，將他熱愛的電影與醫學結合，撰寫成系列專欄文章，發表於《聯合報》的「元氣周報」。今特別集結成書，令人耳目一新，也讓讀者從電影情節的體驗中，獲得豐富的健康知識，我非常樂意推薦。

假如醫院像電影院一樣

輔仁大學校長 江漢聲

　　在我小學考初中時，國文的作文題目是「假如教室像電影院一樣」，我已經忘了我怎麼寫，不過我一直覺得這題目出得真好，從事醫學教育之後，我們教學生臨床診斷、療效和癒後分析，我們用推理、觀察、甚至演員模擬病人，電腦設計可以演出各種病的假人，就是像電影院的教室。

　　事實上醫院常是電影的場景，而電影中的故事更有許多耐人尋味的醫學問題。鄒頡龍醫師從二十八部很經典的電影裡為社會大眾做醫學教育，把泌尿科中常見，病人又不太敢啟齒的問題，深入淺出地為病人解惑，以後如果其他病人有這些問題，或許可以向他推薦這部電影，用電影的情節來做處方，也許醫院可以有小型電影院，這又是另一種「假如醫院像電影院一樣」的幻想！

鄒醫師在臨床是很優秀的一位醫師，教學研究也很傑出，平時也是一位熱心社會教育的泌尿科專家，現在更出版了這本新書。我個人覺得一位醫師要把本身的專業，透過人文素養來教育民眾是很不容易的事，就像要做影評人，對電影的故事和內涵要有深入的了解，才能在解析中讓大家對這部電影更有興趣。

　　用電影來引導病人認識疾病，一定會讓病人記憶深刻，也鼓勵病人將來看電影能多深入思考，畢竟人生如戲，戲中種種疾患心結也許就是自己或親友的困擾，當有了初步了解後，那麼求助於專業的醫師時可能會避免戲中的悲情，這也是這本書給讀者最大的啟發了！

　　我很願意推薦這本書給喜歡看電影的讀者，或許會使你把老片再看一次，回味無窮，更希望鄒醫師能繼續多看電影，多開出電影處方箋。能在醫院和病人聊電影，是多麼有趣而又親切的醫病關係，診療效果一定也非同凡響！

推薦序

寓健康常識於樂趣之中

台灣泌尿科醫學會理事長
臺北榮民總醫院泌尿部主任 林登龍

　　行醫多年愈來愈察覺，一個成功的治療光憑醫師的專業知能是不夠的，病人的合作與配合往往是治療成效的決定因素。因此，如何讓病患了解所罹患的疾病，從而能心寬的成功完成治療非常重要。基於這個理念，不少醫師寫衛教短文，或是出版通俗保健書籍。

　　但是如何讓讀者能無障礙的學習卻是一大挑戰。平舖直敘的解說，民眾今天看了，明天就忘了。這種狀況很像醫學生在教室裡的學習一樣，背了一大堆專業知識，一考完試就忘光光；但是如果讓他們經歷實際的病人照護之後，就很容易銘記在心。同樣的，民眾健康教育如能「寓教育於樂趣之中」，效果必然增添百倍。

　　鄒頡龍醫師的大作《泌尿科醫師的電影處方箋》就有這個效果。鄒醫師不是普通電影迷，而是觀察入微的電影

迷，將知名電影中與身心健康有關的情節抽離出來分析、講解，讓民眾於賞析電影之餘，不知不覺獲得健康常識。從電影欣賞著手，帶領民眾了解並學習人體的奧妙與身心健康常識，相信在世界上也是首創的。

鄒醫師是台灣泌尿科醫學會的資深會員，目前是醫學會監事，同時也擔任治療指引委員會的主任委員，可見他的醫療專業能力受到泌尿科學界的肯定。平常大家就很欽佩他的醫學研究創意十足，想不到由電影切入的衛教短文也令人驚艷，篇篇引人入勝，不只是民眾，相信醫療專業人員也可從中得到不少啟發，絕對是值得一讀的既休閒又專業的好書。

從電影中關心身體，
促進健康

中國醫藥大學副校長、台灣老年學暨老年醫學會理事長
財團法人老五老基金會董事長　林正介

　　身為老年醫學科、家庭醫學科醫師，與醫學教育及社
區健康促進的工作者，我時常思考：如何讓社區民眾理解
深奧的醫學問題，進而更關心自己的身體，促進健康。

　　這個問題在鄒頡龍醫師的《泌尿科醫師的電影處方
箋》這本書當中得到很好的答案。透過你我熟悉甚至看過
的電影，來討論劇中出現過的醫學問題，一氣呵成，搭配
醫學繪圖說明，讓人在輕鬆愉悅的情境中獲得醫學知識。

　　鄒頡龍醫師的文筆優美，很能夠生動描述電影情境或
觀影時的心情，電影不再是平面影像，更打動內心的感
覺。例如〈從《我的少女時代》談運動傷害〉一文，提到
每個人心中對青春時期的嚮往；〈從《丹麥女孩》談流鼻

血該怎麼辦？〉一文，提醒我們對身邊與我們不同的人多一些關心與接納；一部部電影，加上他的引述，更能引人入勝。

衷心為各位推薦這本好書。

推薦語

　　去年（2015 年），在鄒頡龍醫師的大力幫忙下，警廣「健康也上影」單元入圍了金鐘獎「單元節目獎」、「企劃編撰獎」。今年，外號「影視醫龍」的他再添「性福作家」頭銜，這本健康有「醫劇」的鉅作不只把醫學專長和影劇嗜好做了巧妙的結合，妙筆生花的文字更讓艱澀難懂的醫療內容散發著療癒能量。最難能可貴的是，涵蓋的醫學主題極廣，遠遠超越泌尿科的範疇，真可說是一本全方位的養生寶典，值得珍藏！

　　　　　　　　　　警廣「天天樂陶陶」主持人 唐陶

自序

理性與感性的醫學之路

電影與我

「弟弟，起來了，我們去看電影……」

我眼睛一亮，從父親身邊溜下來，三步併兩步的跑去洗臉、穿衣服。

「爸爸，我們今天看哪一部電影？」

那年才五歲，星期天早晨，會窩在父親身邊，趴在他的肚子上不肯起床。我是一隻受寵愛的無尾熊，是慵懶的小貓，是尾巴毛茸茸的松鼠。

喜歡窩在父親身上。父親的肚子溫暖，柔軟，隨著呼吸起伏，好舒服好有安全感。上面有一道長達數十公分，凹凸不平如蜈蚣一樣的疤痕，兒時不知道那是什麼，長大後才聽姑媽告訴我，父親 1949 年隻身隨軍隊來台，日夜思念留在家鄉的老母親與妻兒，抑鬱又喝酒，弄壞了身體，因胃部大出血開了幾次刀，命撿回來了，留下肚子上那道傷疤。

看電影是和父親最喜歡的活動。台大公館的東南亞戲院、西門町的樂聲、和平西路的明星、國都戲院，都是我們假日常去的地方。電影開演前，巨大的螢幕有紅色的絨布遮著，在爆米花和香菸混合的奇異氣味中，緩緩拉開。永無止盡的預告片，要等到全體起立唱國歌之後，電影才開始。

還是個小小孩，那看得懂什麼電影？不過有些可精彩了，坦克、大炮、火光衝天，人被炸飛了起來！有些電影就悶得不得了：一個男生和漂亮女生，只是說話，又是哭又是親親（爸爸總不會忘記把我的眼睛遮起來），後來大了些，看懂字幕，才能融入電影的情境。父親喜歡經典名片，《國王與我》，《桂河大橋》；我醉心於武俠高手飛簷走壁，李小龍怪嘯怒吼，快拳無敵。

母親對我嚴格，父親寵我。和父親看電影，五彩繽紛的冰淇淋，路邊香氣撲鼻的麻醬麵和滷味，是與電影情節、男女主角一起融入的光影。

父親過世後，看電影成為我永遠的鄉愁。

和一群陌生人走進電影院，燈光熄滅，隨著螢幕的影像進入另外一個世界，或哭或笑，或狂喜或打瞌睡。

看電影，讓我感覺父親仍陪伴我。

醫學與我

中學就讀以教學嚴謹著稱的台北市私立延平中學。

「想選自然，還是社會組？」分組之前，導師特別找我聊一聊。

「還沒有決定……我對第三類組的醫學有興趣，又喜歡外文與文學。」

「我知道你對文學有天分。」老師點點頭。那時 16 歲的我作品剛剛發表在報紙副刊的新人專欄，主編還邀請了當時台大文學院院長朱炎教授幫我的小說寫評論，對高一學生而言，是很大的鼓勵。

「不過你的數理也很好……其實念理工同樣可以寫作，你看小說家張系國，台大電機系畢業，美國工學博士。」

我選擇第三類組，因為學習醫學，能夠接觸、幫助許多人。

考上台北醫學大學醫學系。畢業後進入台北榮民總醫院外科部，成為外科醫師。極度忙碌的生活。心臟外科的手術用電鋸將胸骨切開，露出噗通跳動的心臟；腦神經外科將頭骨打開，用細微的器械探進血管密布的大腦迴路，從早上到夜深，才挖出位於顱底的腦部腫瘤。開刀房看不見日出月落，幫病人縫好傷口，外面的世界已經東方既白。

自序　理性與感性的醫學之路

後來選擇泌尿外科。成為醫師，確實如我的期盼，更親近也接觸更多人。無暇想到自己，只盼診治的病人能免於疾病的痛苦，健康快樂的活著。

電影 醫學 我

　　「多麼冰冷的小手，讓我為妳溫暖它。我是誰？是位詩人。我如何維生？就是活著。關於希望、愛還有夢想，我如百萬富翁般富足。」

　　普契尼的歌劇《波西米亞人》聽過不知多少次，那時的我竟然激動地微微顫抖。

　　那個晚上剛搬進美國紐約市的小公寓，空蕩蕩的房子，除了一張沙發椅，一張床，沒有家具，沒有電視。

　　到美國康乃爾醫學中心進修，找房子不如想像中順利，房租貴得驚人。此時的我不是醫師，是來異鄉進修的學者，什麼也沒有。三月底的紐約依舊寒冷，裹著大衣，只有放在面前的筆記型電腦，還有帕華洛蒂對女主角纏綿俳惻的唱〈多麼冰冷的小手〉（Che gelida manina）。

　　女主角咪咪最後死於肺結核。

　　「如果咪咪活在今天，就不會死於肺結核了，我可以治療她。」突然有個念頭閃進腦海。

　　林黛玉也是。

　　不禁啞然失笑，咪咪、林黛玉都是虛構的人物。但是

17

人類歷史上死於肺結核的人何止千萬？！醫學的研究與進步，不正是讓人免於疾病的痛苦，拯救人的生命？這也是我研習醫學的目的。

普契尼的詠嘆調激勵了我，也想將這份藝術、音樂與醫學結合的感動與更多人分享。

回國後，有機會在《聯合報》的「元氣周報」撰寫「從電影看醫學」專欄，第一篇文章就是〈從宮崎駿的《風起》，談結核病與人類的糾結〉。

臨床工作依舊忙碌。研究領域是「婦女泌尿學」與「神經泌尿學」。從助理教授、副教授，到教授升等。

教授升等演講是一場重要的演說。我彙整過去的研究成果及論文，台下的觀眾，是醫學界重量級的大師與教授。

我演講的第一張幻燈片，是電影海報。

那是珍・奧斯汀名著改編，李安的電影《理性與感性》（Sense and sensibility）電影海報。

是的，理性與感性，是我對醫學與研究的看法。

這本書用二十八部電影，介紹泌尿科常見的疾病，以及大家關心的健康保健議題。舉了一些臨床案例，不過患者背景還有對白都已經過修改。

特別感謝我的高中老師陳得勝。他鼓勵我寫作，讓我

知道讚美的語言有何等激勵的力量。我也願同樣讚美我的醫學生。

感謝我的妻子與女兒的支持與陪伴。

電影涉獵極廣，醫學浩瀚無垠。感謝中國醫藥大學附設醫院各科同仁的支持，提供泌尿科以外醫學專業知識。

Part

I

性福人生有醫劇

女人幸福的秘密
從《當哈利遇上莎莉》
談女性性功能障礙

· · · · · · · · · · · · · · · · · · · ·

　　熱鬧的餐廳，幾乎座無虛席，服務生穿梭其中，將餐點一一送上。

　　「啊……」一頭蓬鬆的捲髮，女孩年輕亮麗，深邃的大眼睛微微瞇上，就在餐桌上發出呻吟。

　　「妳……還好嗎？」餐桌對面的男伴問。實在很尷尬。

　　「啊……」女孩不理會他，繼續大聲發出陶醉的，忘我的，呻吟。她的雙手抱在胸前，聲音愈來愈大，愈來愈響，最後頭向後仰，接近歇斯底里的叫喊，伴隨身體的抖動，彷彿進入性高潮極度的歡愉……

　　這是什麼情形？這明明是餐廳啊！而且沒有人碰她，為什麼這女孩能夠如此愉悅而滿足？所有人目瞪口呆，無法置信。女孩愉悅的叫聲當然和食物一點關係也沒有，這只是一場戲。

《當哈利碰上莎莉》電影探討男性與女性「身、心」的互動。導演另一個巧思,是安排許多對年邁伴侶,在銀幕前談婚姻路上相愛、相處的點滴。歲月匆匆,夫妻能甜蜜相伴相隨,實在是莫大的恩賜。溝通、體貼、互信互諒,才是「水乳交融」,「魚水之歡」的根基。

　　這是 1989 年的愛情喜劇電影《當哈利遇上莎莉》(When Harry Met Sally)的著名場景。由梅格‧萊恩飾演的莎莉在大庭廣眾做出極度逼真的性歡愉的叫聲,甚至模擬出高潮,是想告訴自大自誇的男伴:你怎麼知道你的女伴真的享受你的表現?你看到女方的滿足,可能只是她不忍心讓你失望而演出的一場戲。

精神與情感上的抗拒

　　相較於男性，女性的性反應其實更為複雜，不僅是生理，更涉及深層的心理層面。雖然女性在房事方面沒有男人「永垂不朽」（陽痿）的痛苦，不必性高潮，也能懷孕生育，但是若忽略性生活品質，女人的性活動可能只是一連串乏味的動作，對身、心均有負面影響。

　　女性性功能障礙，其實是常見的問題。根據 Graziottin A. 等人 2007 年發表在《性醫學期刊》（*The Journal of Sexual Medicine*）的論文，針對 2467 位歐洲 20 歲至 70 歲婦女所做的研究顯示，其中 29% 有性慾缺乏，22% 有性甦醒障礙，19% 性高潮障礙，14% 有性交疼痛的困擾。

　　美國泌尿疾病基金會（AFUD）為「女性性功能障礙」做了以下分類：

　　1. 性慾缺乏（Hypoactive sexual desire disorder）：持續或反覆發生的缺乏性慾。

　　2. 性甦醒障礙（Sexual arousal disorder）：即使予以刺激，也無法達到或維持「性興奮」的反應。

　　3. 性高潮障礙（Orgasmic disorder）：給予足夠的刺激與性甦醒過程，仍持續或反覆無法達到高潮。

　　4. 性交疼痛（Sexual pain disorders）：因性行為所導致的性器官疼痛。其中較為嚴重的一種為「陰道痙攣」

（vaginismus），行房時陰道外三分之一的肌肉會不由自主的痙攣，常使得男女雙方都非常沮喪。

女性性功能障礙的原因可能是精神上、情感上的抗拒，也有可能是生理疾病所造成，如因為更年期停經或手術摘除卵巢後女性荷爾蒙的不足、神經血管疾病、手術、受傷等原因，造成骨盆腔女性性器官血流不足。至於「陰道痙攣」，則常源自於女性對性行為時痛楚經驗的恐懼。

👓 治療雙管齊下很重要

我的次專科是婦女泌尿學，經常為患者實行尿失禁手術與膀胱脫垂修補手術，手術後的追蹤除了排尿症狀，也需要了解性生活的滿意度。

有位 40 多歲的患者，在術後 3 個月的追蹤表示已經完全沒有漏尿，排尿也很順暢，不過，在談到性生活的部分，則是欲言又止。

「怎麼了？會有不舒服的感覺嗎？」我問。

「我……我不知道，因為一直沒有做。」

原來她和先生已經「停機」兩、三年了。她在手術期間還有回診，都是由先生陪同，看起來感情很好，難道是先生？

「不是的，」她幽幽的說：「是我沒有興趣，根本提不起勁。有時候勉強配合先生，卻覺得很不舒服，那裡又乾又澀又痛……先生看出來我很痛苦，不想勉強，也就算了。」

這位患者有憂鬱症病史，並沒有規律服藥。對房事興趣缺缺，很可能與憂鬱症有關，我建議她至精神科治療憂鬱症，加上行房的時候使用陰道潤滑劑，減輕乾澀的不適，性生活滿意度果然大幅提升了。

女性性功能障礙可以治療嗎？答案是肯定的。關於女性性功能障礙的治療，美國著名的梅約醫學中心（Mayo Clinic）團隊有以下建議，包括醫療與非醫療的層面：

1. 非醫療層面

　‧**溝通與傾聽**：和另一半好好聊聊性生活，包括對性的感覺，性生活中喜歡和不喜歡的部分，伴侶雙方的了解和溝通是非常重要的。

　‧**健康的生活形態**：儘量遠離酒精，健康飲食，配合運動讓身心平衡，減低壓力對身體帶來的影響。

　‧**使用潤滑劑**：停經後的婦女陰道較為乾澀，使用陰道潤滑劑對性生活會有幫助。

　‧**適當使用情趣用品**：對於性甦醒有障礙的婦女，使用震動器具刺激陰核有助於性反應。

2. 醫學層面

· 矯正現有可能造成性功能障礙的健康問題，例如：

a 調整目前使用的內科藥物，減少對性生活的影響。

b 如果有甲狀腺疾病或是其他內分泌疾病，先妥善治療。

c 如果有憂鬱症或是焦慮症，應先請精神科醫師治療。

d 如果有骨盆腔疼痛症候群，應先治療。

· **雌激素**：陰道局部給與雌激素，會改善陰道的張力還有彈性，增進陰道的血流與潤滑。

· **雄性激素**：雖然在女性體內的量遠低於男性，但雄性激素在女性的性慾方面也扮演著重要角色。

👓 女性也有藍色小藥丸

我們都知道，治療男性性功能障礙有神奇的藍色小藥丸「威而鋼」，關於女性性功能障礙，究竟有沒有類似的藥物能夠「一服見效」呢？女性性功能障礙最熱門的話題，就是 2015 年美國食品藥物管理局（FDA）核可治療停經前女性性功能障礙藥物 Flibanserin（商品名「Addyi」）。

　　這個藥物為女性患者帶來很大的期盼，但是效果真的有那麼好嗎？

　　「Addyi」最早用於抗憂鬱的治療，後來臨床發現這個藥物能夠改善停經前婦女性慾低落、對性生活感到沮喪或有壓力的問題。「Addyi」雖然號稱「女性威而鋼」，但是它的作用機轉還有使用方式，和男性使用的「威而鋼」完全不同。「威而鋼」是透過改善陰莖局部的血流達到促進勃起的效果，只要在性生活前服用就可以了。「Addyi」是調控腦中樞可能影響性慾的化學物質，必須每天服用，大約 10% 的女性能夠經由這個藥物治療而得到好處。

不過要注意，「Addyi」可能也有嚴重的副作用，包括低血壓、失眠、噁心、頭暈，還有疲倦。尤其是如果混合酒精使用，副作用會更明顯。專家建議如果服用 8 週覺得性慾減退的問題並沒有改善，就應該停藥。

　　只有少數女性能夠改善性功能障礙，又要忍受藥物帶來的副作用，因此女性威而鋼「Addyi」的療效還有待觀察，在台灣的使用也不普遍。

● ● ●

　　《當哈利遇上莎莉》是一部 20 多年前的老電影，許多看過這部電影的人印象最深刻的，除了女主角在餐廳偽裝性高潮的那一幕，就是旁邊的老太太的反應：「我想點她在吃的東西。」（I'll have what she's having）。《紐約時報》稱她「說出了電影史上最令人難忘的好笑台詞」。難道，如果有可能，老太太也希望能夠享受性的歡愉？

　　性，是健康的，不應該因為年紀大了或有慢性疾病就不能享受。現在醫學的觀點認為，無論是年長的男性或是女性，如果身體狀況允許，仍然可以享受魚水之歡，而且和諧適度的性生活，對健康是有正面幫助的。

鄒醫師 ｜ 健康小叮嚀

真的只是女性的問題？

2012 年義大利女醫師 Graziottin A. 在歐洲泌尿科醫學會演講上直接指出，女性性功能障礙，男性伴侶要負很大責任，例如是否男性的行為與外表缺乏吸引力？而男人的性功能障礙如陽痿、早洩，更是造成女性性功能障礙的重大原因。若能成功治療男性的陽痿、早洩，女性性功能障礙亦能大幅改善。這場演說打破傳統是「女生有問題」的思維，將箭頭指向男性，提供新的觀點。

性生活是兩個人的事，如果女性性伴侶有性功能障礙，雙方都要用愛心和耐心來面對，才能找回幸福與甜蜜。

有一套，更安全
從《格雷的五十道陰影》
談安全性行為

. . . .

　　《格雷的五十道陰影》（Fifty Shades of Grey）是 2015
年上映一部爭議性頗高的電影，出英國作家 E.L. 詹姆絲
（E. L. James）暢銷全球的同名小說改編而成。敘述一位清
純美麗的女大學生，為校刊採訪 27 歲英俊的成功企業家
格雷，兩人相互吸引展開戀情，因男主角有「特殊癖
好」，女孩在肉體與精神備受折磨。因為故事涉及敏感議
題，片中有大膽裸露的畫面，迅速成為話題，全球票房也
開出紅盤。

　　《格雷的五十道陰影》票房亮眼，但是也有婦女團體
抗議，認為這部電影美化了「性虐待」、「性暴力」，對社
會有負面影響。

ABC 三原則

劇中有一幕，男主角將女主角綑綁，極盡玩弄、挑逗……在重要關頭，男主角用「誇張瀟灑」的姿態撕開某物品的封套，戴上……保險套。看到這我會心一笑，導演畢竟沒有忘記在這部挑戰尺度的電影中放入「安全性行為」的概念呢。

「安全性行為」（Safe sex）的觀念推展於愛滋病（AIDS）開始盛行的 1980 年代。目的是採取預防措施，以降低因性行為而得到性傳染病（包括愛滋病）的機會，主要有 ABC 三原則：

‧A（Abstinence）「禁慾」

節制、甚至完全避免性生活。這樣當然能減少得到性傳染病的機會，尤其是青少年時期，身心都還沒有完全成熟，最好避免性接觸。

‧B（Be Faithful）「忠實單一性伴侶」

現代人愈來愈晚婚，在成年到結婚這段期間，男女交往如果有性關係，最好保持「忠實單一性伴侶」。

‧C（Use a Condom）「使用保險套」

重點在於「正確而且持續」的使用保險套。不過要注

意，使用保險套並不能防範所有的性傳染病。

ABC 三原則觀念的推展，對於愛滋病的防治的確收到效果。美國也推動「禁慾＋性教育」概念，鼓勵青少年不要有性行為，以免意外懷孕與得到性傳染病的機會。

最重要的一道防線

不過，ABC 的推展也遇到許多批評的聲音。有人指出，即使婦女遵照 ABC 原則，仍可能因為先生（或男性性伴侶）有多重性伴侶，難以避免感染，因此特別強調「安全性行為」中 C（保險套）的重要性。

人類使用保險套已經有好幾個世紀。19 世紀以前，是使用動物的膀胱或腸子製成保險套。直到今日，保險套仍在避孕與防範「性傳染疾病」中扮演重要角色。美國國家衛生研究院（NIH）研究指出，使用乳膠保險套能夠降低罹患愛滋病 85% 的危險性。對於預防其他如生殖器疱疹、子宮頸癌、菜花、梅毒、淋病等也有效果。

一位 20 歲左右的年輕男性來看門診，表情有點不安，還有一些青澀。他說，那個部位，好像長出一些「東西」，不會痛，但是最近愈長愈多。

身體檢查乍看之下沒有異狀，只是包皮有點長，不過

俊男美女的愛情，還有火辣激情的性愛場面永遠是話題的焦點。或許「高、富、帥」的格雷確實有「五十道陰影」，但是任何人皆不能倚仗著權勢、性別或財富，以任何理由傷害別人。中國成語中的「魚水之歡」、「琴瑟和鳴」，才是兩性親密行為最好的詮釋。

有一套，更安全

張開包皮，赫然發現包皮的內面還有龜頭密密麻麻長了一堆突出的組織，極可能是尖頭濕疣（俗稱「菜花」）。

「最近有『危險』的性行為嗎？」我問。「例如，一夜情，或需要付費的？」

「沒有啊，」小男生表情有點茫然。「我都是和固定的女朋友做那件事。」

「那麼，你有用保險套嗎？」

「有啊，我女朋友擔心會懷孕，我們都用保險套。」

「那怎麼還會長這些東西呢？這些很有可能是『菜花』。」我百思不得其解。

小男生低頭想了一會兒。

「保險套我是有戴，不過覺得比較沒有快感，所以只有在感覺快要射精的時候才會套上。」

我告訴他，要能確實達到避孕以及預防性病的效果，必需全程而且正確的使用保險套。如果「快要射精的時候才套上」，引發「菜花」的人類乳突病毒（HPV）仍會經性行為傳染。

使用保險套是已開發國家最常使用的避孕方式。不過，不要以為使用保險套就能夠百分之百避孕。根據統計，伴侶之間使用保險套仍然有大約 10% 懷孕機率，只有「完美的使用」（perfect use）保險套，才能將懷孕率降低至 2%。

泌尿科醫師的電影處方箋

為什麼使用保險套仍可能失敗呢？原因包括：

‧在性行為過程中滑脫或是破裂。

‧使用了石油、植物性或動物性油脂的潤滑劑（如嬰兒油、凡士林）。因這些油脂類可能使橡膠變質而使得保險套破裂。建議使用水或水性潤滑液。

‧保險套儲存的環境不理想或過期。是的，任何一種商品都有「保鮮期」，保險套也一樣。如使用過期的保險套，橡膠可能劣化，容易發生破裂。

另一個可能原因是「沒有全程使用保險套」，這就像下雨天騎機車沒有全程穿上雨衣，身上還是會弄濕。上述的那位小男生，性行為中沒有全程使用保險套，就可能因此得到性傳染病，另一半也可能因此懷孕呢。

‧ ‧ ‧

《格雷的五十道陰影》這部電影中，片中的女主角清純可愛，已大學畢業仍守身如玉。但是她遇到的男主角「格雷」情史可是「罄竹難書」，讓她感染性病的可能性大增。看來，正確使用保險套真的是人類安全性行為中最後，也是最重要的一道防線。

有一套，更安全

鄒 醫 師 │ 健 康 小 叮 嚀

正確使用保險套的五大步驟：

1. 由保險套邊緣拆封，拆封後，用手輕輕擠出保險套。

2. 在彼此性器官還沒有接觸前，陰莖已經勃起時立即使用。

3. 擠出空氣後再套上陰莖，避免指甲劃破保險套。

4. 在陰莖尚未鬆弛前，握住陰莖根部保險套的邊緣，連同保險套一起小心取下，避免精液或其他分泌物滲出。

5. 將打結後的保險套連同衛生紙包裹好直接丟入垃圾桶中，注意不可以有滲出，以避免他人不小心接觸造成感染。

（資料來源：衛生福利部疾病管制署官方網站）

泌尿科醫師的電影處方箋

如何正確使用保險套

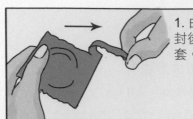

1. 由保險套邊緣拆封，拆封後，用手輕輕擠出保險套。

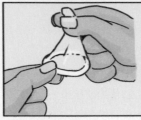

2. 在彼此性器官還沒有接觸前，陰莖已經勃起時立即使用。如需要使用潤滑劑，應選用水性，不可使用油性潤滑物質（例如嬰兒油、凡士林），以避免造成保險套破裂。

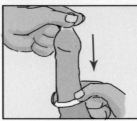

3. 擠出空氣後再套上陰莖，避免指甲劃破保險套。

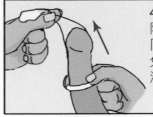

4. 在陰莖尚未鬆弛前，握住陰莖根部保險套的邊緣，連同保險套一起小心取下，避免精液或其他分泌物滲出。

5. 將打結後的保險套連同衛生紙包裹好直接丟入垃圾桶中，注意不可以有滲出，以防止他人不小心接觸造成感染。

（資料來源：衛生福利部疾病管制署官方網站）

有一套，更安全

難以承受之快
從《阿甘正傳》談早洩

. . . .

　　一抹白色羽毛，隨風，清淡，飄揚於天空中。伴隨鋼琴簡單的旋律，羽毛掠過藍天、曠野、人車熙來攘往的都市、最後落在男主角的腳邊。這是 1994 年奧斯卡最佳影片《阿甘正傳》的片頭。

　　小時候的阿甘穿著鐵鞋，孩子們霸凌、追打他，他的腦海一片空白，只聽見一個聲音喊著：「跑啊！阿甘快跑！」於是他開始跑，什麼也不想，也不理會在後頭追逐嘲笑他的人，終於他跑得比任何人都快，跑得比任何人都遠，甚至跑出自己的一片天地，進入阿拉巴馬大學橄欖球隊，和球隊獲得全美冠軍並受總統接見！阿甘憑著一股傻勁，不畏困難，成就不平凡的生命。「阿甘精神」感動了許多人；《阿甘正傳》更成為經典。

劇中，善良執著的阿甘有位青梅竹馬珍妮。珍妮進了大學後，有次阿甘到女生宿舍找她。闃靜的夜裡，大雨滂沱，兩人都淋濕了。脫下濕透的衣服，阿甘下半身僅圍著睡袍，看著女孩動人的胴體，阿甘激動，顫抖，卻不知所措。女孩主動拉起他的手，帶領著阿甘觸摸她的身體……一切是那樣的美好，浪漫的氣氛中，阿甘忽然低聲呻吟，全身不由自主的顫抖、顫抖……結束了，一切歸於平靜。

女孩了解，緩緩穿上衣服，溫柔的安慰阿甘說：「沒關係。」

阿甘到底怎麼了？影片拍得「點到為止」，相信許多觀眾都是一頭霧水，為什麼一切嘎然而止？直到阿甘沮喪的說：「對不起，弄髒了妳室友的睡袍。」大家才恍然大悟：阿甘在手觸摸到女孩肌膚時，就已經射精了。

早洩是一種疾病嗎？

早洩（早發性射精）是指性行為過程中，男性不受控制的提早射精，例如發生在陰莖進入陰道之前，或是於短暫的進入陰道之後。

早發性射精是一種性功能障礙，是很常見的問題，被正式視為病症已超過百年。根據 2005 年發表於《性醫學期刊》的論文，於 29 個國家，總共 13618 位男性受訪者

所做研究顯示，大約有20%到30%的男性有早洩的問題。較常見於年輕族群。但有少數年長男性因勃起功能障礙，會併發後天型的早發性射精。

針對早發性射精，以前沒有正式的診斷標準，直到2008年，國際性醫學學會（ISSM）才制訂出一個清楚的定義，做為診斷早發性射精的標準。2013年國際性醫學學會對早洩的定義為：

1. 幾乎每一次射精都短於1分鐘，甚至在陰莖進入陰道前即射精者。

2. 幾乎每一次射精都難以控制。

3. 因射精問題而導致人格的負面影響者，如沮喪、避免做愛等。

偶發性的早洩，有性經驗的男性多少都經歷過，若有所擔心，下面的「國際早洩診斷估量表」，您可以自行填寫，看看自己有沒有這方面的問題。

國際早洩評估量表

雖然每次性行為的經驗不盡相同，但每個問題中請選擇最能反映自己一般情況的答案。每個問題只可選一個答案。

1. 對你來說，延遲射精有多困難？	☐ 0　一點也不困難
	☐ 1　有點困難
	☐ 2　中度困難
	☐ 3　非常困難
	☐ 4　極度困難

2. 您是否在想要射精之前就
   射精了？
   ☐ 0　幾乎從來沒有或從來沒有
   ☐ 1　比一半的時間還少
   ☐ 2　大約一半的時間
   ☐ 3　超過一半的時間
   ☐ 4　幾乎每次或每一次

3. 您是否在輕微的刺激下就
   會射精？
   ☐ 0　幾乎從來沒有或從來沒有
   ☐ 1　比一半的時間還少
   ☐ 2　大約一半的時間
   ☐ 3　超過一半的時間
   ☐ 4　幾乎每次或每一次

4. 您是否因為您想要射精之
   前就射精而感到挫折？
   ☐ 0　一點也沒有
   ☐ 1　有一點
   ☐ 2　中度
   ☐ 3　非常
   ☐ 4　極度的

5. 對於您到達射精的時間讓
   您伴侶的性慾無法滿足，
   您有多擔憂？
   ☐ 0　一點也沒有
   ☐ 1　有一點
   ☐ 2　中度
   ☐ 3　非常
   ☐ 4　極度的

您的得分

結果

・8 分以下→沒有早洩

您的性反應正常。若您仍然擔心早洩的問題，可接受
醫師的正式檢查。

・9 及 10 分→可能有早洩問題

您出現的症狀與早洩相似，請盡快諮詢醫師，並接受

難以承受之快

不同於一般電影的男主角，阿甘既不是大帥哥，也不是天賦異稟的天才，他甚至不是「一般人」。他發展略微遲緩，沒有辦法正常行走，因此成為同伴嘲笑欺負的對象。但他用單純的心來看待周遭的一切，單純的做想做的事。片中阿甘的話：「人生有如一盒巧克力，你永遠不知道你將會拿到哪一顆。」更成為經典名言。

適當的檢查與診斷，醫師可助您了解情況，再給予合適的治療。

·11 分或以上→有早洩問題

您可能有早洩的問題，請盡快找醫師檢查與診斷。醫師會根據症狀來推斷病因，並提供合適的治療方案。

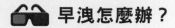 **早洩怎麼辦？**

　　為什麼發生早洩，與基因遺傳、心理、陰莖敏感、慢性攝護腺炎都可能有關。早期醫學界認為是精神、心理問題，但近年醫學研究發現，早洩可能與腦部控制射精的血清素訊號有密切關係，也就是說，早洩的成因很複雜，並不能用「精神問題」來解釋。門診的時候，曾經有陪先生前來就診的妻子質疑：「他是不是不愛我，才『草草了事』？」

　　這樣看來，有早洩問題的男生實在是「痛苦在心口難開」，冤枉啊！

難以承受之快

為什麼早洩對性生活有那麼大的影響呢？性，是兩個人的事，當一方沒有得到滿足，甚至還沒有開始就結束，性生活就稱不上幸福美滿。當阿甘沮喪的坐在床沿，珍妮穿上衣服，還溫柔的安慰阿甘說：「沒關係。」但是在現實生活中，可能沒有這樣完美。發生早洩的男性會沮喪，女性伴侶可能會不解，長時間下來，也可能對兩人的情感有負面影響。

　　早洩能夠治療嗎？早在 1956 年，美國杜克大學 J.Semans 醫師就提出「停止─再刺激」（stop-start）行為療法，主要是由性伴侶協助，在男性幾乎達到高潮時，停止刺激，待射精的感覺消失後，再次刺激，逐步訓練對射精的控制。好處是不需要使用藥物，有研究指出成功率可達 45% 至 65%，但長期追蹤，卻發現缺乏持續的效果，而且行為療法一定要性伴侶雙方充分的配合，若是有一方缺乏耐性或是無法體諒，效果會大幅降低。

　　近來醫學界了解血清素與射精控制的關係，台灣衛生福利部食品藥物管理署已經核准專為治療早洩的口服藥物，於行房前服用，可以延長射精的時間。另外，也有塗抹於男性外生殖器的藥物，可以減低敏感度，達到控制射精時間的效果，不過，行房時的快感也會減低。早洩症狀較為嚴重的患者，可以使用藥物、精神及行為合併治療，會比單一治療效果更好。

多年之後，阿甘與珍妮再次相逢，歷經滄桑，這次，兩人都把握住得來不易的幸福，看到這幕，我會心一笑：「早洩」似乎不再作弄阿甘，看來，他們終於也擁有了「性福」。

 鄒醫師 │ 健 康 小 叮 嚀

不能再來一次嗎？

或許有人會想，為什麼阿甘不「再來一次」呢？原來男性在射精之後，會有一段「不反應期」，時間從數分鐘到數十小時不等。處在射精之後的不反應期想要再度勃起是很困難的，如果加上緊張焦慮，想要再次成功達陣，更是難上加難。有些較嚴重的「原發性早洩」患者，即使再次勃起行房，還是可能「提早繳械」。

難以承受之快

真的不舉嗎？
從《慾望城市》談夜間勃起

· · · · · · · · · · · · · · · · · ·

　　一對夫妻新婚，清晨丈夫醒來，身旁的嬌妻怒氣沖沖，準備興師問罪。

　　「你說！昨天晚上在睡夢中夢見了誰？在夢中做了什麼好事？」

　　「我不知道啊……」丈夫睡眼惺忪，迷迷糊糊，完全狀況外。

　　「你還敢狡辯！我明明聽到你在睡夢中喃喃自語，肯定不是叫我的名字，更可惡的是，你竟然……你竟然還勃起！」

　　這位先生完全記不得半夜做了什麼夢，但他可能被冤枉了。根據美國加州大學舊金山分校（UCSF）研究，正常男性夜間應會勃起三至五次，稱之為「夜間勃起」，這是陰莖功能健康的表現。

在《慾望城市》（Sex and the City）影集中，也曾經出現關於「夜間勃起」的場景。

《慾望城市》是美國 HBO 有線電視網播放的影集，描述四個生活於紐約熟齡女子的愛情、友情與情慾，連續 3 年獲得金球獎電視類最佳喜劇，2008 年並拍成電影。劇中，優雅美麗的夏綠蒂終於遇見白馬王子崔，卻在結婚後發現先生有「勃起功能障礙」，就算夏綠蒂再優雅，再「不食人間煙火」，也不能接受無性的婚姻生活。為了了解崔究竟是「器質性」或是「心因性」，夏綠蒂試著觀察先生是否有「夜間勃起」。

「垂頭喪氣」的原因

男性陰莖的勃起是非常奇妙的生理現象。沒有勃起的時候，柔軟就像「海綿寶寶」，勃起時長度可增長兩倍，體積可增加數倍，就像孫悟空的金箍棒。

陰莖的結構包括兩個陰莖海綿體以及一個尿道海綿體。當受到性刺激，透過自主神經中的副交感神經釋放出血管擴張物質「一氧化氮」（NO），陰莖動脈血流增加，陰莖海綿體充滿血液，同一時間，位於陰莖根部的球海綿體肌肉及坐骨海綿體肌肉收縮，就像在陰莖根部鎖緊的橡皮筋。將血液保持在陰莖裡面，完成了勃起的過程。

真的不舉嗎？

這過程是不是很奇妙？受到性的刺激，大腦發出訊息，釋放出增加血量的物質，陰莖血流增加，陰莖根部的肌肉還要合作無間的收縮，這樣的組合，就像是在奧運比賽中合作無間的田徑接力賽，每一棒都得接得很好，若中間環節有任何地方出現失誤，也就砸鍋了。

令人尷尬的是，這套複雜的男性勃起機制，如果發生「當機」，原先期待「英姿勃勃」，結果卻變成「垂頭喪氣」、「欲振乏力」，這就是「勃起功能障礙」。

台灣男性學醫學會統計，國內 50 歲以上男性，有 4 成以上患有勃起功能障礙，且發生率隨年齡增長而增加。原因可能是「器質性」或是「心因性」。

1.「器質性勃起障礙」可能原因

· 男性荷爾蒙不足。

· 藥物影響。

· 動脈血管硬化。

· 抽菸、喝酒。

· 糖尿病或其他代謝疾病。

· 中風或是其他血管疾病等。

2.「心因性勃起障礙」可能原因

· 工作壓力太大。

· 焦慮。

《慾望城市》從 1998 年開始連續播出 6 年，得到許多艾美獎和金球獎的肯定。四個生活在紐約年近 40 的熟女，直接且坦率的演出她們對愛情的渴望，對情慾的追求。6 年的時光，觀眾也彷彿隨著她們一起成長，探索內心，認識自己，也學習愛自己。而五光十色、絢爛繽紛的曼哈頓，也成為《慾望城市》的最佳代表。

真的不舉嗎？

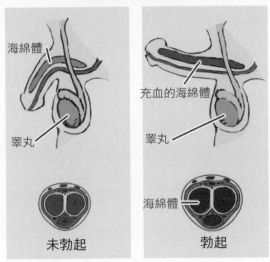

勃起前／後的陰莖

海綿體

充血的海綿體

睪丸

睪丸

海綿體

未勃起 勃起

・過分擔心性方面的表現。

・憂鬱症。

・與性伴侶的關係等。

　「器質性」或「心因性」勃起障礙原因不同，治療方向也不一樣。「器質性」多需要藥物或其他方式治療，「心因性」如能妥善調適，找出影響表現的內心癥結點，就可能「重振雄風」，不需長期靠藥物的幫助。

簡單的檢測方法

　然而，要如何辨別究竟是「器質性」或「心因性」

呢？就像《慾望城市》中夏綠蒂所做的，觀察「夜間勃起」就是很好的方法。夜間勃起出現於睡眠中的快速動眼期（REM），發生的原因至今還不完全了解，有可能與睡夢中腦神經中樞交感神經與男性荷爾蒙的運作有關。如果勃起障礙是「心因性」，或許「上場時表現不佳」，但是在睡夢中是可以正常勃起的。

值得注意的是，這樣的陰莖勃起與性的刺激沒有關係。有研究指出，胎兒在媽媽子宮裡發育的時候，就會發生夜間勃起的現象。泌尿科門診時，我就曾經遇到一位憂心忡忡的媽媽帶著八歲的兒子來看診，因為媽媽發現平常非常乖巧的兒子，睡夢中陰莖竟然會「不乖」！擔心小男生是不是學壞了？或是太早熟？我向媽媽仔細說明，這是「小弟弟」健康的表現，一點都不需要擔心，也不要以為小男孩在睡夢中是不是夢到「不該夢」的事情。

夜間勃起該如何檢測？

有一種測量的儀器「夜間陰莖勃起記錄器」（RigiScan），入睡前將可以伸縮的套環裝設在陰莖，記錄夜間睡夢中陰莖是不是有充血膨脹？持續多久？這些資訊會傳遞到電子儀器，由電腦分析。

不過，這個檢查要到泌尿科門診安排，還要裝設複雜的機器入睡，真的很不方便。其實還有一個更簡單的自我檢測方法，那就是「郵票測試」（stamp test）。

真的不舉嗎？

入睡前將郵票製成套環繞於陰莖，幾乎不留空隙。如果清晨醒來郵票被撐破斷裂，代表有發生夜間勃起。這樣的步驟簡單可行，在沒有負擔的狀況下就能夠了解身體的反應。但是影響郵票測試的因素很多，例如睡覺的姿勢、黏貼是否正確、睡夢中是否拉扯到等。因此建議可測試三個晚上，以得到較客觀的結果。

有位患者因勃起功能障礙來看診，他才 30 多歲，看起來非常苦惱。他說和認識快一年的女朋友原本論及婚嫁，卻為了這個問題考慮分手。

「之前有沒有這個問題？」

「不知道，這是我第一個女朋友，也是第一次做。」

原來這個男孩子非常單純，第一次和女朋友嘗試時太過緊張，又擔心房間外的家人發現，竟然「不舉」，女孩子也很驚訝，懷疑他有「那方面的問題」。接下來再度嘗試，同樣無法「達陣」。他來泌尿科門診，想試試威而鋼。

我告訴他，這可能是心理性的問題，可以做「郵票測試」。一個星期後回診，他像換了一個人，充滿自信。

「斷了，郵票斷了……」他有些興奮。之後的回診追蹤，他表示一切順利，正準備結婚呢。

• • •

《慾望城市》熱播時，我正在紐約康乃爾大學醫學中

泌尿科醫師的電影處方箋

「郵票測試」是確認是否有夜間勃起的好方法。

心進修，住在皇后區，每天搭地鐵進曼哈頓。繁華的第五大道，57 街高樓牆上掛著慾望城市女主角的海報。我彷彿也融入《慾望城市》之中。

　　影集中四個女人聚在一起，談的是一般人想知道又不敢聊的床第性事，究竟「愛」與「性」能夠分開嗎？劇中莎曼莎看似只追求性愛的享受，但隨著劇情推展，在她最脆弱時，還是真愛給她支持與走下去的勇氣。這或許是《慾望城市》很好的注腳。

 鄒醫師 ｜ 健康 小 叮 嚀

男人也要愛自己

之前醫學界認為男性勃起功能障礙是心理問題，近年才將焦點放在「器質性」疾病，例如神經血管的障礙。要注意，有一部分確有可能是心理因素造成，且「器質性」與「心因性」可能相互影響。

中年男性正是生理與心理壓力最大的時候，建議適度放鬆，必要時尋求專業醫師協助，男人，也要愛自己。

女大男小更性福？
從《畢業生》談男女身心大不同

電影《格雷的五十道陰影》上映時，因聳動的劇情，俊男美女大膽裸露的性愛場面，很快造成轟動。愛好電影的我，自然不容錯過。

買票進場的時候，我內心竟然有點忐忑，擔心會不會被認為是「怪叔叔」？還有，如果被病人認出來，會不會很尷尬？進了電影院，出乎意料之外，竟然大部分是年輕女孩結伴來看，吃著爆米花，態度輕鬆自若。我不禁暗自嘲笑自己的扭捏。

片中男主角在青少年時受年長的女性引誘，展開長達多年有「支配角色」的性關係，成年後沒有辦法與女性正常交往。女主角聽了他的故事，冒出一句：「那是所謂的『羅賓森太太』？」

誰是「羅賓森太太」？電影中沒有多做解釋，我會心

泌尿科醫師的電影處方箋

一笑，其實，「羅賓森太太」（Mrs. Robinson）是 1967 年經典電影《畢業生》（The Graduate）中的重要角色。

　　有些電影會「引經據典」，引用經典老電影的人物或場景，或穿插經典電影裡面的配樂，讓觀眾趁機回味舊時光，因此在《格雷的五十道陰影》這部電影裡，提到《畢業生》裡面「色誘」年輕大學生的「羅賓森太太」，確實不讓人意外。

👓 男女心理、生理大不同

　　好萊塢巨星達斯汀‧霍夫曼因這部電影成名。他飾演出身上流社會、剛從大學畢業的年輕人，套用現代的詞彙來說，他是不折不扣的「上等小鮮肉」，不僅年輕女性為他著迷，父親合夥人的太太，羅賓森太太也看上他。那是一個年過 40，風韻猶存，舉手投足盡是風情的女人。在她的「色誘」之下，涉世未深，男性荷爾蒙指數「破表」的小鮮肉那能承受！因為對未來的茫然，加上想反抗父母，素來循規蹈矩的他竟瞞著父母，和羅賓森太太夜夜春宵。

　　《畢業生》對中年女性的性渴求多所著墨，而 20 多歲年輕小伙子「精力充沛」、「夜夜笙歌」的能力也令人印象深刻。讓人不禁好奇，女大男小，是不是性生活美滿的方程式？

先說個殘酷的事實，男人的性能力與性慾，確實是隨著年齡增長而衰退。男性睪固酮（主要的雄性激素）大約在 20 歲至 25 歲達到高峰，30 歲以後逐漸下滑。隨著年齡增長，許多慢性疾病，例如高血壓、糖尿病、肥胖、代謝症候群等都可能造成男性性功能障礙。如果再加上抽菸、喝酒、熬夜打拼，所謂「自作孽、不可活」，性功能更是如江河日下。

　　反觀女性，俗諺有云：「三十如狼，四十如虎」，這樣的說法其實有理論根據。根據美國 Bachmann G.A. 醫師發表於《歐洲更年期期刊》（*Maturitas*）的論文，針對 59 位停經後仍有性生活的婦女研究，顯示性慾較停經前上升，對性生活的滿意度增加。抽血結果顯示，這些女性體內游離性睪固酮濃度上升，這可能與性慾增加有關。

　　這樣說來，女大男小，確實是「性福」方程式？那也不盡然。在電影《畢業生》中，羅賓森太太 40 多歲，與 20 出頭男性的組合，可以說是「乾柴烈火」、「如魚得水」；但是如果再過 20 年，女性已經 60 多歲，可能陰道組織萎縮、乾澀，性致缺缺，而這時男性才 40 歲，春秋正盛，那還會一樣「性」福嗎？

在經典電影《畢業生》中，年輕的達斯汀·霍夫曼飾演初出茅廬，剛從大學畢業的大男生，英俊、羞澀，前途一片光明，卻對未來毫無頭緒。影后安妮·班克勞馥飾演春閨寂寞的少婦，迷戀大男孩的肉體，寬衣解帶，想要誘惑大男生。這一幕成為經典中的經典。

👓 不只性福，也更幸福？

　　除了性生活，女大男小在生活其他層面，也會比較美滿嗎？美國著名的精神科學者 Marty Nemko 博士的太太比他年長 5 歲，兩人結婚已經 40 年。他以自己為例，提出與比較年長的女性結婚有很多好處：

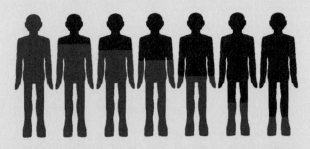

男性荷爾蒙的量隨著年紀而下降

年齡　25-34　　35-44　　45-54　　55-64　　65-74　　75-84　　85-100

free testosterone 游離型雄性激素

1. 關係中的成熟度

較年長的婦女在人際關係可能更為圓融。夫妻關係的維護，還有養兒育女都需要高度的成熟度與耐性，在這幾方面，成熟的女性具有優勢。

2. 職業生涯較為成熟

許多年長婦女有一定的經濟基礎，能提供家庭經濟生活方面更好的保障。

3. 壽命以及健康的相容性

根據研究，婦女大約比男子壽命長 5 歲。之前認為這

是因為生活方式，如工作壓力或菸酒造成健康危害所導致，不過近幾年 BBC 的回顧性研究指出：男性壽命較短，有可能是因為「生物學」（基因）的理由，而與生活方式無關。無論如何，男性的平均壽命比女性短是事實，選擇與年長 5 歲的女性結婚，兩人比較有可能在接近的時間「一起走向生命的終點」。

不過，如果女、男年齡相差過大，也可能出現其他問題，如在社會歷練與心智發展上產生鴻溝。這一點在電影《畢業生》中描述得淋漓盡致。羅賓森太太見了男主角，說不上兩句話，就迫不及待關燈上床辦事，但中年女性內心的苦悶，又豈是初出茅廬的小伙子能夠理解？

另外，因為現在社會普遍晚婚，如果與年齡較大的女性結婚，有可能已經錯過生育的黃金年齡，即使順利懷孕，高齡產婦生產的危險性較高，對寶寶的健康也有顧慮。這一點在女大男小組合時應列入考慮，如果確實有共組家庭的打算，須掌握女方生育的黃金時機。

• • •

看來，幸福，並沒有完美方程式。男女心理、生理在不同年齡有不同的需求，愛情也不能單純的以性生活美滿與否來衡量。即使身體原始慾望得到滿足，若沒有心靈上的契合，對未來的共同規劃與願景，終究還是要面對虛空，正如《畢業生》中羅賓森太太面對的衝突與失落。

女大男小更性福？

《畢業生》是 40 幾年前的電影，或許您沒有看過，其實，在影音數位化發達的今天，許多珍貴的老電影都能夠以優異的畫質，以不同的管道呈現。

　　就算沒有看過《畢業生》，但由賽門與葛芬柯（Simon and Garfunkel）演唱的電影插曲〈Scarborough Fair〉、〈The Sound of Silence〉您一定有聽過，甚至也可能會唱。不妨找個機會，重溫一下這部經典老片，跟隨〈The Sound of Silence〉的音樂，在純淨的吉他和弦進行中，為那個在時間的長河裡，曾經出現過的純真、期待、憤怒與反抗，輕輕的和聲，輕輕而唱……

 鄒 醫 師 ｜ 健 康 小 叮 嚀

> **幸福沒有公式**
>
> 真愛或許可以穿過時空，也不受到年齡的束縛。但一般而言，婚姻的男女雙方年齡最好不要差距過大，以免心理、生理的配合出現問題。另一方面，太多的成見也沒有必要，例如有些人堅持男生年齡要比女生大。看了以上的分析，或許女生年齡大一些，也是相當不錯的組合。
>
> 幸福沒有公式。選擇你愛的，愛你所選擇的。

慢性病患也有春天
從《愛的萬物論》
談慢性病患的性福

20 多年前，一個初冬的清晨，乍冷，呼出的空氣在眼前凝成一團白霧。還是個醫科學生的我走進北醫校園一角的鐵皮屋——那是北極星詩社以及刊物室共用的社團辦公室。打開封面破舊的留言簿，我振筆疾書……

「這個人，痀僂著身子，蜷曲在輪椅上，連說一句完整的話都不可能。他罹患 ALS（肌萎縮性脊髓側索硬化症，俗稱漸凍人症），但是他在天文物理學的貢獻，光芒萬丈！這個人，他的名字是史蒂芬．霍金……」

那時我剛剛讀了霍金博士的著作《時間簡史》，宇宙大爆炸、黑洞……讓我目眩神迷，迫不及待想與更多人分享。

霍金博士的故事在 2014 年搬上銀幕。《愛的萬物論》（The Theory of Everything）這部電影讓霍金驚人的天賦具

英國著名物理學家霍金 21 歲時診斷出罹患 ALS（俗稱漸凍人症）。
疾病限制了肢體自由，卻無法束縛他的思想，他發表許多影響物理
學與天文學的重要著作，其中科普作品《時間簡史》探討時間與空
間的本質，暢銷全球。電影《愛的萬物論》則描述這位天才物理學
家不平凡的生命。

泌尿科醫師的電影處方箋

象呈現，並深刻描述他的愛情、家庭以及罹患漸凍人症後從掙扎到積極面對的歷程，也讓我瞬間回到大學時代閱讀《時間簡史》的悸動。

霍金在 21 歲診斷出此症，醫師預告只剩 2 年壽命，他的女友仍然決定與他結婚。霍金不僅活了下來，而且兩人還生了三個小孩。

電影中極具衝擊的一句對白，出現在霍金博士第三個孩子出生後舉行的派對上。霍金博士的母親冷冷的問：

「這孩子究竟是誰的？」

「當然是霍金的！」霍金的太太驚訝、憤怒的說著。這是多麼嚴厲的指控！

不過，這也難怪霍金的母親有此疑問，這個時候的霍金早已經失去行動能力，癱坐在輪椅。但是，這並不代表他沒有性能力。

勃起功能的指標

難道，罹患慢性疾病的患者，不能，或不應該有性生活？

答案當然是否定的。「性」是人類基本的需求。在醫學進步的今日，慢性疾病患者的性功能障礙是可以治療的。

慢性病患也有春天

如何知道男性的勃起功能是否正常呢？一般可以使用勃起硬度指標（Erection Hardness Score, EHS）加以判斷。若將陰莖的硬度以豆腐、去皮香蕉、無剝皮香蕉，還有小黃瓜來比擬，很容易就能理解，看一眼，就能為自己或另一半打分數。

勃起硬度指標從 1 分到 4 分：

‧**豆腐**：1 分。陰莖會變大，但是完全不硬，也不可能進入陰道。代表有嚴重的勃起功能障礙。

‧**去皮香蕉**：2 分。陰莖會變硬，但是硬度不足以進入陰道。代表中度勃起功能障礙。

‧**無剝皮香蕉**：3 分。陰莖會變硬，硬度可以進入陰道，但是沒有辦法完全堅挺。代表輕度勃起功能障礙。

‧**小黃瓜**：4 分。陰莖能夠變硬，且完全堅挺。沒有勃起功能障礙。

步入中年，男性性功能原本就可能減退，許多慢性疾病也好發於中老年，例如心血管疾病、高血壓、高血脂、代謝症候群與糖尿病等，使性功能障礙更是雪上加霜。大約有 40% 到 50% 罹患糖尿病的男性患者有某種程度的勃起功能障礙。此外，帕金森氏症、脊髓損傷也是常見原因。

勃起硬度指標

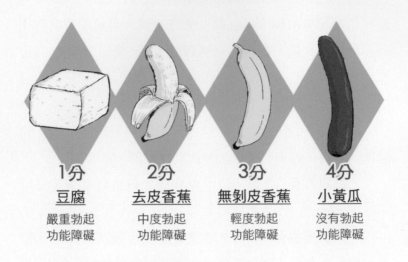

1分	2分	3分	4分
豆腐	去皮香蕉	無剝皮香蕉	小黃瓜
嚴重勃起功能障礙	中度勃起功能障礙	輕度勃起功能障礙	沒有勃起功能障礙

👓 慢性病的控制是第一步

行為治療與生活調整，是慢性病患改善勃起功能障礙的第一步。

有一位 50 多歲的患者，因為腎結石定期來我的門診追蹤，他提到有勃起功能障礙。仔細看了他的病史：高血壓、糖尿病，雖然有服藥，但控制得不理想，還有心絞痛症狀。肚子圓滾滾，一看，就知道體重過重了。我建議患

者先從生活調整開始，保持良好的健康生活習慣，戒菸，並考慮減重。

「您是說戒菸、減肥？！不可能，我做生意，應酬這麼多。」他搖頭說：「我只想吃威而鋼。」

我提醒他，有心血管疾病的人服用威而鋼有一定的風險。

「吃藥能夠根治嗎？」他問。

「不能，這些藥物在行房前服用。有吃才會有效果。」

「那也很麻煩啊！」他喃喃的說。

半年後，這位患者再次回診追蹤腎結石，我注意到他變清爽了，精神也好很多。看起來好像年輕了5歲。

「醫師，真的太感謝您了！你建議我減肥、運動、戒菸，我想，你說的也沒錯，就試試看，戒了菸，每天快走30分鐘，我瘦了好幾公斤，我的性功能也OK了！」他開心的說。

這位患者在戒菸、戒酒及規律運動之後，性功能障礙得到改善。其中，運動能促進血液循環，減重能改善男性荷爾蒙的作用；而抽菸會造成動脈血管硬化，想改善性功能障礙，一定要戒菸。

另外，長期使用降血壓藥物（如乙型交感神經阻斷劑）可能會發生勃起功能障礙，也可能有性慾減退的問題，建議與心臟科醫師討論，在不影響血壓控制的狀況下

泌尿科醫師的電影處方箋

做調整。

糖尿病則會影響神經、血管，還有荷爾蒙的狀態。控制好血糖，必要時配合藥物治療，會有較好的效果。

👓 男性勃起障礙的治療

隨著醫學的進步，男性勃起功能障礙也有一些藥物或醫療方式可以派上用場：

1. 口服勃起障礙用藥

1998 年，第一個口服勃起障礙用藥「威而鋼」上市，掀起了一陣藍色小藥丸旋風。近年來，又有「犀利士」、「樂威壯」等藥物相繼上市。

這些藥物有不錯的效果，作用原理是讓陰莖海綿體平滑肌鬆弛，血流量增加，讓陰莖勃起。一般而言，約 45% 到 70% 的患者能夠成功勃起，但某些慢性病患者，例如曾發生心肌梗塞、中風或冠狀動脈疾病所導致的不穩定性心絞痛的病人，要特別注意其安全性，而且千萬不可和硝酸鹽類藥物併用。

2. 真空吸引器

使用圓形的筒狀套在陰莖上，用手動或電動的方法將

筒狀抽成真空產生負壓，這個時候陰莖會勃起，並在陰莖的根部套上橡皮筋，達到勃起狀態。好處是沒有侵入性，缺點是放置套環的陰莖根部可能會瘀血、疼痛，也會有射精困難。

3. 陰莖海綿體藥物注射

如果口服藥物效果不好，「陰莖海綿體藥物注射」是另外一項選擇。將血管擴張劑注入陰莖海綿體。但是患者需要克服心理障礙，並忍受注射時的疼痛。

4. 低強度體外震波治療（LI-ESWT）

原理是將低能量震波傳遞至陰莖海綿體，促進新生血管形成，改善勃起功能。根據 Srini V.S. 2015 年發表在《加拿大泌尿學期刊》（*The Canadian Journal of Urology*）的論文指出，78% 的患者在接受治療之後能夠成功勃起。不過這是較新的治療方式，臨床研究還在進行，長期效果仍待觀察。

5. 人工陰莖植入手術

這是最後一線治療，有多種款式可以選擇，但是這個手術執行後就無法回復，且須考慮可能的併發症，例如出血、感染等。

• • •

那一年，靜靜放在刊物室的，有著紅底白格子的「留言簿」；那一篇文章，我寫著：霍金博士、《時間簡史》、宇宙大爆炸、黑洞。

20 幾年過去了，ALS 的治療依舊沒有解答。隨著醫學進步，的確有許多疾病得到突破性的進展，例如肺結核，80 年前仍束手無策，但抗結核的藥物發明之後，現在不僅能夠控制，也可能治癒。但是醫學仍然有太多未解的謎，無法治癒的疾病。

面對疾病，醫者只能以謙卑的心，但盼以最適當的方式，讓患者的苦痛得到減輕，得到醫治，庶幾復元。

 鄒醫師 ｜ 健康 小 叮 嚀

注意警告訊號

男性性功能障礙經常是身體出現狀況的一個警告訊號，如果「力不從心」，應檢視一下自己的身體狀況，是不是經常睡眠不足？沒有規律運動？如果有高血壓、糖尿病等慢性病，是不是沒有好好的控制？除了看泌尿科醫師，戒菸、改變生活習慣以及慢性病的控制，對性功能改善有一定的幫助。

慢性病患也有春天

助性，天然的尚好？！
從《月薪嬌妻》
談促進性功能的天然成分

．．．．．．．．．．．．．．．．．

　　「你都幾歲了，為什麼不結婚呢？」過了一個年齡，朋友問，鄰居也問，更難熬的是，逢年過節，爸爸媽媽叔叔阿姨都追著問：你什麼時候結婚？

　　結婚是兩個人的事，得先找到對的人，可是一想到結婚後生兒育女、房子、經濟壓力、教育費……想到這裡，對婚姻的憧憬瞬間變成巨大的壓力。

　　《月薪嬌妻》（日文：逃げるは恥だが役に立つ，直譯成中文為：逃避雖可恥，但有用）是 2016 年由人氣女星新垣結衣主演的轟動日劇，敘述研究所畢業的女主角由於在職場接連碰壁，只得於男工程師家中擔任家事幫傭。但之後又面臨父母搬遷，想靠自己獨立生活卻苦無足夠收入的窘境，於是貿然向男工程師提議「契約結婚」。兩人各取所需，男主角有了全職家庭主婦打理自己的起居家務

（相對於需支付的月薪仍划算），女主角獲得穩定的收入，結婚也讓兩家父母欣喜不已，皆大歡喜。不過，兩人有婚姻之名，卻無肌膚之親，尷尬、有趣的劇情就此展開。

「威而鋼」小心禁忌症

孤男寡女，共處一室，漸漸互有好感，然而害羞「純草食」的宅男主角對於男女情愛一竅不通，對婚姻家庭更敬而遠之。雖「號稱」夫妻，兩人的關係時而「臉紅心跳」，有時「相敬如冰」，好友看在眼裡，急在心理。

兩人員工旅行（朋友以為是新婚之旅），熱心的同事在男主角的行李裡塞了一瓶畫著「蛇頭」的飲料，希望能幫助兩人有個「乾柴烈火，如膠似漆」的夜晚。男主角發現了大吃一驚，將「蛇頭」飲料東藏西藏，卻還是被女孩發現了。女孩登時臉紅心跳，心想：難道⋯⋯這男人「坐懷不亂」，是因為他有「性功能障礙」？

飲食男女，人之常情，倘若有一方興致缺缺，力不從心，甚至「欲振乏力」、「永垂不朽」，這個場面將會非常尷尬。

男性性功能障礙可以治療嗎？當然可以。目前已經有如「威而鋼」、「犀利士」、「樂威壯」等口服藥物，但是可能有頭痛、血壓下降等副作用，如果正在服用降血壓藥

物的人要特別留意；至於服用硝酸鹽藥物治療心血管疾病的患者，更是絕對的禁忌症。

有一位 60 多歲男性患者，提到病情吞吞吐吐，欲言又止。先說頻尿，又說最近容易疲勞，最後才提到重點。

「還有……還有啊，最近那方面，那方面表現得不太好。」

我了解了，這位患者有勃起功能障礙的問題。

「醫師，能不能開給我一些威而鋼？」

我仔細看了他的病史：有高血壓、糖尿病、心臟病，正在服用治療心臟冠狀動脈疾病的硝酸鹽藥物。

「不能服用威而鋼喔，因為會與你現在正在服用的降血壓，還有硝酸鹽的藥物產生交互作用，引發嚴重的低血壓，甚至會有生命的危險。」

「不能吃威而鋼？我聽說還有不同牌子的，像犀利士、樂威壯……？」患者有些失望。

「也不行，因為這些都是同一類的藥物。這樣吧，我們先與心臟科醫師討論你現在心臟與用藥的狀況，也想一下有沒有其他方法。」

　　《月薪嬌妻》有浪漫的劇情，清純美麗的女主角，片尾生動討喜的「戀舞」更是膾炙人口。片中男女主角最後終於相戀，攜手共度人生。或許，結婚並不像童話故事中「兩人從此過著幸福快樂的日子」那麼簡單，但是同心建立一個溫暖的家，是值得每個人用一輩子去經營的。

助性，天然的尚好?!

👓 天然的比較好？

正因為有以上這些顧慮，人們都想說：「天然的尚好！」那麼，有沒有天然的植物成分能夠增強性功能？

數千年以來，人們一直在尋找並使用天然的植物來增進性功能。在古羅馬帝國、埃及、印度、中國，都有相關使用的記載。

或許有人以為，都 21 世紀了，現代醫學發達的今天，傳統草藥應該很少人使用了。其實不然，醫學調查的結果讓人大吃一驚！在非洲，現在仍有 80% 的人使用傳統草藥治病。在中國，有 40% 的醫療行為合併傳統草藥。至於西方國家呢？根據世界衛生組織（WHO）2013 年的報告，加拿大以及英國每年花在傳統醫藥的費用分別是 24 億及 23 億美元。

看來傳統草藥全世界都在使用。那傳統草藥對性功能到底有沒有神奇的治療效果？或只是心理安慰劑？

2014 年，加拿大學者 A.J. Bella 等人發表於《植物療法研究期刊》（*Phytotherapy Research*）的論文就提到以下三種效果較為明確者。

1.「育亨賓」（Yohimbe）

由產自非洲的育亨賓樹皮（yohimbe bark）提煉，用來促進男性性功能已經有很長一段時間，主要作用是 α2-

腎上腺接受體的阻斷劑（alpha 2-adrenoreceptor blocker）。
「育亨賓」約對 34% 到 73% 的患者有效果。2002 年發表
在《歐洲泌尿科期刊》（*European Urology*）的研究指出：
「育亨賓」加上 L- 精胺酸（L-Arginine）合併使用，效果
更佳，不過可能的副作用包括高血壓、焦慮，還有心悸。

2. 人參（Ginseng）

人參的使用對華人來說是耳熟能詳。人參有許多種，
其中「亞洲人參」以及「美國人參」常用於醫療保健。韓
國產又分為三種：新鮮人參（生長小於 4 年），白人參（生
長約 4 至 6 年）以及紅人參（生長超過 6 年）。其中紅人
參較常用於改善性功能。

2008 年，Jang 等人於《英國臨床藥理學期刊》（*British
Journal of Clinical Pharmacology*）發表一篇綜合回顧性研
究，共 363 位受試者，相對於對照組，人參對改善性功能有
正面幫助。不過也有不同的看法，Choi 等人 2013 年發表在
《國際性功能障礙研究期刊》（*International Journal of
Impotence Research*）上的一篇論文指出，人參對於男性性功
能障礙只有些許幫助，建議可以當作輔助治療，但是不認為
人參可以當作一個獨立治療男性性功能障礙的藥物。

3. 瑪卡（西班牙語：Maca, Lepidium meyenii）

由原產南美洲安第斯山脈的植物根部提煉出來。乾燥

「親愛的，等我吞顆⋯」

我是人蔘

「要不要試試這個？」

的瑪卡根富含人體所需的微量元素鐵、碘、銅、錳和鋅，脂肪酸以及胺基酸，營養豐富，有「南美人蔘」之譽。瑪卡是網路上最常被提到能促進性功能的天然植物，功效被許多動物實驗所支持，但是在六個臨床實驗中，正反意見都有，並不能得到一致的看法。有些研究指出能夠促進性慾，改善男性性功能，有些實驗則持相反意見。到目前為止，瑪卡對男性性功能障礙的療效還無法得到肯定的結論。

綜合以上文獻，作者認為，許多草藥確實有改善性功能的潛力，但療效仍待大規模人體實驗以證實效果，長期服用的安全性有待確認，使用仍需要小心。

　　《月薪嬌妻》中出現的「蛇頭飲料」究竟功效如何，因為劇中人沒有服用，我們就不得而知了。經詢問正在台灣進修的日本泌尿科八木橋祐亮醫師，原來日本市面上有「龜飲」、「蛇飲」飲料，號稱能夠促進男性性功能。由此可見，日本男性和台灣一樣，對天然成分的助性飲料抱著既期待又尷尬的態度。

　　劇中男女主角最後兩情相悅，男主角卻因為心理障礙，久久不能越過「那座高峰」。「性」是人類複雜的行為，絕不僅是生理層面。唯有坦然誠摯的情感，才會有水乳交融的親密關係。請打開 Youtube，在男主角星野源唱紅的主題曲「戀」的歌聲中，給伴侶一個溫馨的擁抱吧！

 鄒醫師｜健康小叮嚀

小心來路不明的「天然」藥物

我們可能從電視、廣播或是網路上得到許多醫療建議，號稱某某藥物是天然的，對某疾病有神奇的治療效果，甚至街坊鄰居，親朋好友也會推薦。要注意，藥物一定要經嚴格的科學實驗證明療效，且沒有嚴重的副作用才能上市，如果是來路不明的藥物，就算號稱「天然」，對身體亦可能有害。更何況每個人的病情和體質都不同，他人有效，對自己不一定有用。有健康方面的問題，還是要找專科醫師診治比較好。

助性，天然的尚好 ?!

不成功，便成「人」
從《悲慘世界》談如何避孕

一個乍暖還寒，微風還有一些涼意的初春。紐約的百老匯，長長的隊伍，人群中，排在後面的一位老太太和我聊了起來：

「以前看過《悲慘世界》這齣音樂劇嗎？」

「是的，我這是第二次看，真的很棒，很喜歡……妳呢？」

「這是我最喜歡的音樂劇啊！」老太太這麼說：「這是我第三次來現場看，而且每次都會掉眼淚，喔！我真的擔心等一下會難過的沒有辦法控制自己……」說著說著，老太太的情緒激動起來，旁邊拄著拐杖的老先生拍拍她的背。

老太太說的是實話，改編自大文豪雨果原著的音樂劇《悲慘世界》（法語：Les Misérables），動人的故事，優美

泌尿科醫師的電影處方箋

的音樂，每次看都讓人沒有辦法控制住自己的情緒，掉下淚來。這齣已經演出超過 25 年的音樂劇，2012 年也改編成為電影，以音樂電影的方式呈現，同樣造成轟動。

《悲慘世界》以十九世紀法國為背景，呈現在動盪不安的年代，眾多人物的生命苦難與試煉，而故事主線則圍繞主角尚萬強試圖贖罪的歷程。他因為飢餓偷了一條麵包而被判刑 19 年，出獄後的罪犯身分讓他處處碰壁，繼而憤世嫉俗。飢寒交迫下，他再次行竊，卻意外受到神父的寬恕與感化，於是洗心革面，多年後轉換身分成為市長。

因緣際會下，尚萬強錯失幫助工廠女工芳婷的機會。芳婷為了撫養私生女，淪為妓女，並因病在孤獨絕望中死去。尚萬強知道後悔恨不已，答應照顧她年幼的孤女珂賽特。他信守諾言，守護著這個可憐女孩長大，最終得到幸福。當尚萬強年邁老去、彌留之時，已經在天堂的芳婷現身感謝並迎接他。尚萬強的一生因為愛與救贖得到昇華，雖死，而無憾。

避孕知識人人需要

在這個故事中，芳婷無疑是關鍵性的悲劇性人物。原本是無憂無慮的少女，卻在一段夏日戀情中偷嚐禁果，之後芳婷生下私生女，同時遭男方拋棄，從此芳婷與女兒的

不成功，便成「人」

命運陷入「悲慘」之中。

現在社會青少年性觀念較之前開放許多，盡情享受戀愛之餘，卻對性行為可能的後果了解不足，導致非預期中的懷孕，進而產生許多問題。

除了青少年需要了解避孕措施，尚未結婚的成年男女也需要，以免日後奉子成婚；有些夫妻則可能因為現實壓力暫時不想生孩子，或是不希望生太多，也會面臨需要避孕的情況。

在泌尿科，男性結紮是常見手術，我也曾遇到一對結婚多年的老夫老妻讓人印象深刻。

「醫師，我先生要做結紮手術。」太太提出要求。這位太太年紀大約 50 多歲，頭髮已經花白。先生的年紀也差不多，但臉上沒有任何表情，不發一語。

「結紮手術？這位太太，這個手術的目的是為了永久性的避孕，請教您今年……」

「我今年 50 多歲，已經停經好多年了。」她倒是很乾脆的說：「我是不用擔心懷孕啦，可是我先生是台商，長年在大陸，天知道他什麼時候會帶個小三生的孩子來分財產……」

看《悲慘世界》，會為劇中人物的「悲慘」命運感到難過，更會因
為他們那種無私的奉獻、犧牲而感動落淚，如尚萬強對神父、對芳
婷從贖罪到無私之愛、青年們挺身而起的革命精神……流淚不是因
為悲傷，而是情緒的波動，透過淚水的洗滌，而讓久處於滾滾塵世
的內心得以澄澈。

不成功，便成「人」

🕶 常見避孕方法

目前一般較常見的避孕方式，主要有以下幾種：

1. 自然周期避孕法

女性若了解自己的生理周期，就能夠知道每個月當中哪幾天容易受孕，哪幾天不容易受孕。有規律月經周期的婦女，每個月當中大概會有 9 天或是更多的天數可能受孕，這些日子如果能夠避免行房或是採取防護措施，就可以達到避孕的效果。前提是月經周期要很規律，因此這種避孕方式失敗率高達 24%。

2. 子宮內避孕器

醫師將避孕裝置，如銅 T，放在子宮內能夠避免懷孕，效果長達 5 至 10 年。依不同款式失敗率大約 0.2% 到 0.8%。

3. 荷爾蒙的方式

・口服避孕藥：結合雌激素與黃體素，建議每天在固定的時間服用。失敗率大約 8%。口服避孕藥因為要每天按時服用，造成避孕失敗的原因常是因為忘了服用。特別要注意的是，如果超過 35 歲、抽菸、曾經有血栓或是乳癌病史，建議不要服用口服避孕藥來避孕，因為可能增加

血栓的機會。

．**長效荷爾蒙**：例如「皮下植入棒」，可以釋放出黃體素長達 3 年之久，好處是不用擔心忘了服藥。失敗率約 0.05%。

．**緊急避孕**：用於性行為後但並沒有做任何防護措施的時候使用，或是原先使用的避孕方式失敗，如保險套破掉。緊急避孕的藥丸可以在性行為後 5 天之內服用，愈早服用效果愈好。但這種藥物所含的荷爾蒙成分比較高，不建議當成常規性的避孕。

5. 永久性的避孕方式

在女性是用手術方式將輸卵管結紮；男性則是將輸精管結紮。採用這種方式，失敗率通常小於 1%。

男性結紮是門診手術，而且很快就能恢復正常生活。與女性結紮相比，是侵入性更低，恢復更快的手術。

不過男性或是女性結紮都屬於永久性的避孕方式，若日後因某些原因後悔，雖仍有補救的手術方式，但畢竟還是要再接受一次手術，而且受孕率會降低很多。因此採取永久性的避孕措施之前，一定要深思熟慮。

有些男性擔心接受結紮手術後就沒有辦法射精，其實男性的精液主要是由儲精囊以及攝護腺分泌，結紮後的男性依舊能夠射精，但是射出的精液當中不再有精蟲，而達到避孕的效果。

不成功，便成「人」

值得注意的是，剛剛接受過結紮手術的男性，射出的精液仍然還有精蟲，大約手術後 3 個月必須回泌尿科門診再次檢查精液，確定沒有精蟲時才可以停止避孕。

曾經看過報導，一位男子堅持離婚，原因是已經結紮，太太竟然又再懷孕。孩子生下來後經鑑定，確定是自己的孩子，這才滿懷愧疚地向太太道歉。原來是結紮之後沒有等到 3 個月又急著「辦事」，才導致誤會。

不過，男性結紮也不是萬無一失。極少數的狀況下，被切斷的精索可能自行接通，精液中再度出現精蟲，因此男性結紮後 3 個月的精液檢查是非常重要的。

• • •

男歡女愛，是自然的情感，但是如果沒有採取適當的防護措施，女人的生命將有極大的變化，在期盼之外誕生的小生命也難以得到祝福，對孩子來說是何等不公平的事！相信，如果芳婷當初了解「避孕」的知識，她的未來將完全不同。

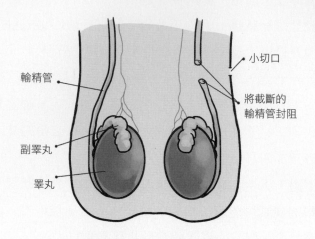

輸精管

小切口

將截斷的
輸精管封阻

副睪丸

睪丸

男性結紮是經由陰囊的小切口，將輸精管截斷。

 鄒醫師 │ **健 康 小 叮 嚀**

保險套避孕法

使用保險套仍是最常使用的避孕方式之一，簡單而且方便。但一
定要記得正確且全程使用保險套，才有避孕及預防性病的效果。
（請參考第 31 頁〈有一套，更安全〉一文）

・男性保險套：是最普遍且常用的方式。不但能夠避孕，而且能
　夠防止愛滋病或其他的性傳染病。
・女性保險套：能阻止精蟲進入體內，同時也能夠預防性傳染病。
　可以在性行為之前 8 小時就放入體內。失敗率約 21%。

不成功，便成「人」

當雄風不再
從《洛基》談男性也有更年期

● ● ● ● ● ● ● ● ● ● ● ● ● ● ● ● ● ●

「砰——！」

拳頭重重的落在對手臉上。汗水、鮮血噴飛，全身肌肉力量於剎那間迸放。這個男人，在對手重擊下已經傷痕累累，步履蹣跚，眼角流血腫脹幾乎不能視物，但他沒有倒下，憑藉著勇氣，男人揮出最後一擊……全場歡聲雷動，為他歡呼，畫面在他滿是汗水、淚水、鮮血的臉部特寫，定格……

這是 1976 年奧斯卡最佳影片，轟動全世界，激勵無數人心的電影《洛基》（Rocky）。男主角席維斯史特龍一夕成為偶像，那一身精壯的肌肉，尤其是胸大肌，是多少男性羨慕的對象！當年有多少男孩的床頭上，就掛著席維斯史特龍的照片，一邊舉著啞鈴，一邊幻想著有一天能練就《洛基》的肌肉。

時間快轉到 30 多年後的今日，你能夠想像當年的洛基再穿戰袍嗎？2013 年電影《進擊的大佬》（Grudge Match），60 幾歲的史特龍真的「重出江湖」，與當年電影《蠻牛》（Raging Bull）男主角勞勃狄尼洛脫下上衣，站上拳擊台。劇中，他們互相嘲笑對方下垂的胸部，鬆垮垮的肌肉，軟綿綿、肥滋滋的大肚子……這、這真是情何以堪！

👓 男生也有更年期？

　　人都會老。

　　人生隨者年齡增長，分為許多階段，例如青春期、成年期。女性在 50 歲左右會進入「更年期」，月經次數將變得不規則，經血量減少，直到完全停經為止。因為卵巢功能衰退，女性荷爾蒙分泌改變，許多婦女會有一些症狀產生。

　　男人沒有月經，但是男人有更年期嗎？也會有症狀嗎？

　　老化是不分男女的，當男性血清中睪固酮下降，稱之為「遲發型性腺功能低下症」（late-onset hypogonadism），也就是俗稱的「男性更年期」（andropause）。

　　但不同於女性更年期，男性沒有「停經」的表現，睪固酮下降是緩慢的過程，有時不容易察覺。

睪固酮是男性體內主要的雄性激素，由睪丸所分泌，它可以幫助維持男性的：

· 骨質密度。

· 脂肪組織的分布。

· 肌肉的力量還有肌肉組織。

· 鬍鬚還有體毛的生長。

· 紅血球的生成。

· 性慾。

· 精蟲的製造。

睪固酮在青春期至成年的早期達到巔峰。隨著年齡增長，體內的睪固酮逐漸下降。在 30 歲或 40 歲以後，大概每年下降 1%。根據 2007 年 Rodriguez A 等人發表在《臨床內分泌學與代謝期刊》（*Journal of Clinical Endocrinology and Metabolism*）的論文，「巴爾的摩老年研究」追蹤 890 位受試者發現，在 60 歲、70 歲、80 歲男性中有荷爾蒙低下（<325ng/dL）的比例分別為 20%、30% 以及 50%。

睪固酮下降之後對身體可能有以下影響：

· **性功能變化**：包括性慾減退、夜間勃起的次數下降、不孕。

· **睡眠障礙**：可能導致失眠或是睡眠障礙。

· **身體的變化**：例如脂肪組織增加、肌肉減少、乳房腫大（男性女乳症）、體能下降。

· **情緒變化**：缺乏自信、容易憂傷或是沮喪、注意力

「砰──！」與世界重量級拳王的十五回合對決，歷經了如此殘酷的鮮血肉搏，儘管在比賽前，沒有人相信他能做到，但是，他沒有被擊倒！雖然最後裁定拳王獲勝，但全場仍為他歡呼，他是《洛基》，他是席維斯史特龍！

當雄風不再

不容易集中、記憶力變差。

男性更年期的對策

　　一般來說，體重過重、糖尿病、缺乏運動、抽菸、喝酒，都是男性更年期的危險因子。如何得知自己有男性更年期？下面的「睪固酮低下自我檢測表」或許可以提供參考。

睪固酮低下症自我檢測表

	是	否
1. 您是否有性慾（性衝動）降低的現象？	☐	☐
2. 您是否覺得比較沒有元氣（活力）？	☐	☐
3. 您是否有體力變差或耐受力下降的現象？	☐	☐
4. 您的身高是否有變矮？	☐	☐
5. 您是否覺得生活變得比較沒有樂趣？	☐	☐
6. 您是否覺得悲哀或沮喪？	☐	☐
7. 您的勃起功能是否較不堅挺？	☐	☐
8. 您是否覺得運動能力變差？	☐	☐
9. 您是否在晚餐後會打瞌睡？	☐	☐
10. 您是否有工作表現不佳的現象？	☐	☐

（資料來源：美國聖路易大學老化男性睪固酮低下症問卷表）

結果

以上 10 題中，第 1 題和第 7 題都答「是」，或其他任三題答「是」的人，就可能有男性更年期症狀。

有以上症狀該怎麼辦？在一次醫學會議，當演講者介紹到以上問卷，一位醫師悄悄說：「這些症狀我好像也有耶！」他說得很小聲，但是大家都聽到了，登時哄堂大笑，因為這位醫師才 30 多歲。

泌尿科門診也常遇到男性因為有疑似更年期症狀而前來看診。

有位先生由太太陪同，兩人坐下後，卻誰都不開口說話。

「有什麼問題嗎？」我問。

先生 50 多歲，眉頭深鎖，感覺壓力挺大的。太太看起來比先生年輕許多。

「醫師，我先生想要看性功能方面的問題。」還是太太先說話了。

本來以為是一般的勃起功能障礙，詳細詢問之下，在勃起這方面並沒有問題呀！

「沒有問題？！那……他為什麼好久都沒有碰我了？」感覺出太太也有情緒上的波動。

「一段時間沒有行房了？您覺得問題是……？」我問那位先生。

當雄風不再

「這幾個月以來，總覺得好累好累，工作壓力是比較大，但也不知道怎麼回事，對那方面就是提不起興趣。太太要我去做身體檢查，都說沒有病。氣人的是，太太居然懷疑我在外面是不是有了小三，『使用過度』才對她冷淡。天地良心，我事業都忙不完了，還小三咧……」

我幫他抽血檢查，發現男性睪固酮濃度確實相當低，有可能因此造成性慾減退。我幫他補充男性荷爾蒙，幾個月之後，夫妻又重拾魚水之歡了。

當懷疑自己可能進入男性更年期時，可以從改善生活型態開始，如適度放鬆、充分睡眠、戒菸，並規律運動。

除了症狀，抽血檢測血清睪固酮濃度，也是診斷男性

歲月不饒人，就算是「藍波」、「洛基」，也可能有男性更年期，有著軟綿綿，肥滋滋的大肚子。

泌尿科醫師的電影處方箋

更年期的重要參考指標。如濃度較低，可考慮補充男性荷爾蒙。目前男性荷爾蒙補充劑型有注射、塗抹凝膠，以及口服等類型。值得注意的是，如果攝護腺特異抗原（PSA）高於正常值，或肛門指診發現有攝護腺疑似硬塊，疑似有攝護腺惡性腫瘤的可能性者，不建議補充男性荷爾蒙。

此外，補充男性荷爾蒙會促進造血功能，用於血紅素過高的患者會增加血液的濃稠度，容易生成血栓。嚴重睡眠呼吸中止症的患者在補充男性荷爾蒙之後可能會讓症狀加劇，因此以上兩種狀況為相對禁忌症。

• • •

看著年近 70 的「洛基」與「蠻牛」再次站上拳擊舞台，讓人感嘆硬漢雄風不再，但在嚴酷的訓練下，兩老依舊展現出令人佩服的力量與毅力。在滿場歡呼聲中，「砰──！」一人被擊倒。然而，勝利者不是像戰勝的公雞一樣昂揚高呼，而是將可敬的對手扶起，展現出英雄惜英雄的氣魄！或許，世上現有的事物終將凋零，然而，洛基不死，男人的熱血、堅持與毅力不死。謹向男人的青春，致意。

當雄風不再

鄒 醫 師 │ 健 康 小 叮 嚀

補充睪固酮要注意

補充睪固酮後,有些患者表示性慾改善,覺得更年輕也更有活力,不過也可能出現以下情況:

1. 睡眠呼吸中止症。

2. 長青春痘或其他皮膚反應。

3. 攝護腺肥大造成排尿障礙。

4. 如果有潛在攝護腺癌,可能加速癌細胞生長。

5. 乳房腫大。

6. 睪丸萎縮,精蟲數量減少。

7. 血栓形成的機會增加。

因此,補充睪固酮的男性需定期與泌尿科門診追蹤,並檢測各項指標,才能確保安全。

Part

II

照顧下半身有醫劇

千萬別憋尿
從《美國狙擊手》
談如何讓膀胱更健康

．．．．．．．．．．．．．．．．．．．．．

　　射擊遊戲，哪個小男孩不喜歡呢？目標可能是一隻小蟲，一只靜止的杯子，一隻毛茸茸的玩具小熊；打中的同時，你跳起來高聲呼喊：我是神射手！但如果有一天射擊的工具是能夠發射高速子彈的來福槍，而對象是活生生的人，地點是敵我短兵相接的最前線，扣下扳機的同時，奪走的是一條人命……這時，射擊不再是遊戲。戰火對峙之下的射擊，是生死存亡，是血腥殘酷之戰。

　　《美國狙擊手》（American Sniper）是 2014 年上映的美國傳記戰爭片，改編自一位被封為「美國軍事史上最致命狙擊手」的真實故事。他天賦異稟，練就百步穿楊的本事，在戰場擊殺了約160人，成為傳奇人物。他告訴自己：為了保衛家園，捍衛自己的國家，這是戰爭，他必需這麼做。但這光榮無法使他快樂，回國後卻罹患創傷後壓力症

成為戰場上的神射手，最終深烙在心底的，是榮耀或是戰爭的痛苦
記憶呢？一次次射擊，扣下扳機，望遠鏡的彼方，有人在血泊中倒
下、死亡。在戰場上，瞄準的是活生生的人，即使是敵人，也是一
條寶貴的生命。誰又有權利奪走他人的生命呢？

泌尿科醫師的電影處方箋

候群，他幫助有同樣遭遇的軍人，最後卻被退伍同袍槍殺。這部影片也獲得奧斯卡金像獎最佳影片、最佳男主角等六項提名。

憋尿小心尿失禁

《美國狙擊手》中有一幕，男主角的戰友走進他埋伏的房間時說：「咦？有尿臊味？」而男主角埋伏的地點，地上有一灘尿。

原來，男主角埋伏在廢棄的民宅，一動也不動，任日落月升，扳機扣動，八個敵人在他望遠瞄準器下倒下。身為狙擊手，不能起身上廁所，他唯一的選擇是就地解決，或是因為憋尿太久，發生尿失禁。不過，這對膀胱來說，絕對不是一件好事。

膀胱是一個中空的器官，位於下腹部，有兩個重要的功能：

1. 儲存尿液：膀胱能夠儲存約 400c.c. 到 500c.c. 的尿液，膀胱保持適當的容量，才不會影響到日常生活或是工作。

2. 排空尿液：在適當的時候，適當的地點，將尿液排出來。

膀胱是非常奇妙的器官，是全身唯一可以用意識控制

千萬別憋尿

的平滑肌。由大腦意識控制的排尿中樞，經神經傳導完成排尿控制。如果發生排尿障礙，會造成生活上很大困擾，例如頻尿、尿失禁。如果憋尿過久，可能使膀胱失去收縮功能，尿不出來，需要放置導尿管。

有一位中年女性來看診，她穿著剪裁合身的套裝，感覺十分精明幹練，卻是眉頭深鎖，看起來非常苦惱。

「醫師，我有攝護腺肥大。」她很肯定的告訴我。「攝護腺肥大？」我眼睛張得很大。「這位女士，這不可能！攝護腺是男性才有的器官，您沒有攝護腺，當然也就不可能肥大呀！」

「不是攝護腺肥大？」她一臉疑惑，拿起手上一張關於攝護腺肥大的衛教說明書。「可是你看，上面寫的症狀，例如排尿困難、排尿滴滴答答排不乾淨、尿尿的時候會中斷，這些症狀我通通有啊！」

進一步了解，才知道這位女士是業務，經常在外面跑動，上廁所不方便，因此養成了「不喝水、不上廁所」的功夫，往往早上出門，下午五點回辦公室才尿尿。

我幫這位女士做了檢查，可能因為長期憋尿，超過了膀胱生理儲存尿液的容量，現在有「膀胱無力症」（膀胱收縮力不足）的狀況，餘尿超過300c.c.，怪不得經常會發生泌尿道感染。

「膀胱無力症？醫師，您是說我的膀胱收縮力不足，

*泌尿科醫師*的電影處方箋

尿不乾淨，怪不得經常會發生泌尿道感染。那該怎麼辦？」

　　這位女士沒有糖尿病，也沒有神經性疾病的病史，可能是因為長期憋尿影響膀胱功能，引發反覆膀胱發炎。我建議她不要再憋尿，多喝水，配合抗生素治療感染；解尿的時候儘量放鬆，稍微用一點腹壓將尿排乾淨。一段時間後，膀胱發炎不再困擾她了。

　　「醫師謝謝您，我知道了，以後再也不敢憋尿了。」

保養膀胱之道

　　這位女士因為工作關係練就一身憋尿的功夫，就像《美國狙擊手》的男主角憋尿，甚至發生尿失禁。這些「不當使用」都嚴重傷害了膀胱，並不可取。

　　那麼要如何保養我們的膀胱呢？在平日生活中，建議養成以下好習慣：

1. 排空尿液

　　婦女特別容易罹患泌尿道感染。預防膀胱炎最簡單的方法，就是確保每次排尿時將尿液完全排空。重點就是解尿的時候要完全放鬆。另外，有些女性因為膀胱下垂，需要改變姿勢才能尿乾淨，此時請多一點耐心，如果覺得膀胱還有尿，不妨稍微等待一小段時間，甚至變換姿勢，讓

婦女泌尿道感染的原因與預防

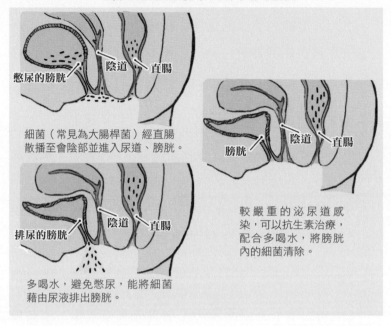

細菌（常見為大腸桿菌）經直腸散播至會陰部並進入尿道、膀胱。

多喝水，避免憋尿，能將細菌藉由尿液排出膀胱。

較嚴重的泌尿道感染，可以抗生素治療，配合多喝水，將膀胱內的細菌清除。

尿都解乾淨之後再起身。

2. 多喝水，但是不要喝過多

聰明適當的喝水是保護膀胱的重要法則。一天的喝水量大約 1500 c.c. 至 2000c.c.。多喝水能夠預防泌尿道感染，但是喝太多的水，也可能會有頻尿的困擾。喝水也要在適當的時間，如長途旅行之前避免喝水，以避免途中找不到廁所而尷尬。有夜尿困擾的人，入睡前 2 至 4 小時避免喝水，尤其是含咖啡因的飲料。

3. 戒菸

膀胱癌是排名第二的泌尿系統癌症。抽菸會增加兩到三倍罹患膀胱癌的機會。為了膀胱還有自身的健康，請立即戒菸。

4. 多做骨盆底肌肉運動

骨盆底肌肉運動俗稱「凱格爾運動」，是藉由主動收縮肛門、陰道以及尿道附近的肌肉，增加排尿的控制。對有應力性尿失禁困擾的婦女有很大的幫助，對於頻尿及膀胱過動症也有正面的治療效果。（詳細內容請參考第 121 頁）

• • •

《美國狙擊手》這部電影是由真人真事改編。那真實感，讓人看了更是無比沉重。

電影當中有一幕：一個孩子，他只是一個孩子，拿起武器準備攻擊，男主角透過瞄準器，要扣下扳機奪取這小男孩的性命……在這一刻，不知道有多少觀眾和我一樣，希望男主角彈無虛發的神技能夠失手！

這個小男孩本應過著無憂無慮的童年，若不是有巨大的變故和痛苦，怎會拿起武器攻擊，甚至讓自己也成為戰爭的亡魂呢？還好，最後一刻孩子拋下武器，電影中的神射手主角，和全球觀眾都鬆了一口氣。

戰爭，是殘忍的，更是瘋狂的。

鄒醫師｜健康小叮嚀

養成好習慣很重要

婦女的尿道較短，只有 2 到 4 公分，且位於會陰部，細菌較容易聚集，因此在性行為前清洗會陰部，性行為前後馬上解尿，並在性行為後喝大量開水，有助於減少泌尿道感染的機會。

另外，大部分女性泌尿道感染是「大腸桿菌」所引起，也就是聚集在肛門的細菌經由會陰部進入尿道及膀胱。因此女性上完大號之後，妥善的清潔肛門及會陰部，也有助於預防泌尿道感染。

尿失禁不是老化的必然
從《分居風暴》
談老年人尿失禁

· · · · · · · · · · · · · · · · · · ·

　　想像中，電影要賣座得有優美、好聽的主題曲、你我熟知的大明星，再不然也要有炫目的特效，才能吸引人。這樣看來，沒有配樂，也沒有大明星的《分居風暴》（Nader and Simin, A Separation）算是例外吧。

　　《分居風暴》2011 年推出後，得到全球一致讚賞。由伊朗大導演阿斯哈·法哈蒂（Asghar Farhadi）執導，講述一對伊朗中產夫婦因為女兒就學及丈夫必須長期照顧罹患阿茲海默症父親的問題導致分居，丈夫只得僱用低下階層出身的婦女擔任看護，但意外卻接連發生，並引發種種衝突。這部電影成為首部奪得柏林影展最高榮譽金熊獎的伊朗電影，更同時拿下最佳男主角和最佳女主角。次年（2012）更勇奪金球獎與奧斯卡獎最佳外語片。

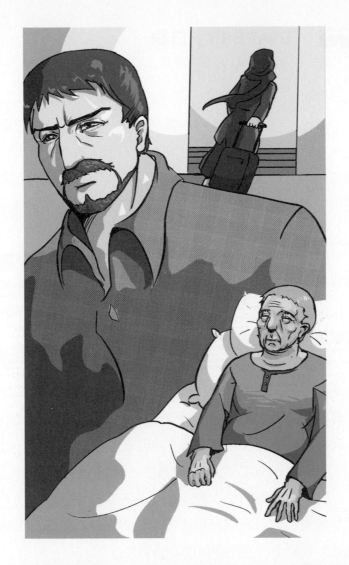

人生的難題如影隨形。導演十分平實的鏡頭，在小人物辛苦卑微的
生活中遊走，同時在一次次看似無法避免的衝突中，道德、真實、
欺瞞、怯懦層層堆疊。沉重，卻更讓人感到悲憫——不僅是對劇中
人物，而是每個人面對生活與價值無可避免之缺憾時的輕嘆。

泌尿科醫師的電影處方箋

 ## 「DIAPERS」口訣

「媽媽，他尿在褲子上了。」

劇中，看護為了生活，帶著幼小的女兒幫傭並照顧男主角年邁的父親。小女孩注意到老爺爺尿失禁了。因為宗教的顧慮，婦人不知道應不應該幫他更衣換洗。男人頭髮花白，垂頭、遲滯、無助，穿著尿濕的褲子坐在床邊，讓人心酸。

尿失禁是老年人常見的健康問題，許多老年人以為漏尿是老化過程中的自然現象。事實上，大部分的尿失禁可以經由妥善照顧以及治療得到改善。尿失禁，真的不需要忍耐。

尿失禁會造成會陰部皮膚紅疹，容易引發褥瘡、泌尿道感染，甚至增加跌倒及骨折的機會。雖然不會致命，但卻會造成生活上的困擾，讓老年人覺得困窘，因為擔心別人聞到尿臊味，而有社交孤立的現象。

老年人尿失禁與較年輕患者的病因與診斷有很大不同。其中最明顯的是：較年輕的尿失禁患者多為女性；但老年尿失禁則可能同時發生於男性與女性，例如在《分居風暴》電影中，發生漏尿的正是男性。

另一個很大不同是，許多老年人發生的是「暫時性尿失禁」，只要找到潛在原因並予以矯正，尿失禁就能改

尿失禁不是老化的必然

善。在醫學上有一個口訣「DIAPERS」（英文「尿布」）可以幫助找到老人家尿失禁的可能原因：

· Delirium（譫妄、意識變化）

可能與原有的內科疾病或服用藥物有關，造成意識的混亂而引發尿失禁。當潛在的內科疾病問題解決，譫妄還有尿失禁的現象通常也能夠改善。

· Infection（尿路感染）

當細菌引發泌尿上皮發炎反應，刺激到膀胱神經的排尿反射，可能進一步引發急迫性尿失禁。當泌尿道感染得到控制，尿失禁也能改善。

· Atrophic urethritis/vaginitis（萎縮性尿道炎／陰道炎）

當陰道上皮退化萎縮，泌尿道感染的機會也增加，與尿失禁有關。使用局部的雌激素藥膏塗抹對症狀的改善會有幫助。

· Pharmaceuticals（藥物）

老年人服用的藥物通常較多，有些藥物會影響膀胱功能，導致尿失禁。例如經常用於治療高血壓的甲型交感神經阻斷劑、抗精神病藥物（antipsychotic drug）以及某些抗憂鬱劑。

· Excess urine output（尿液過多）

通常因水分攝取過多，或是服用利尿劑。

· Restricted mobility（活動能力受限）

老年常見的關節炎、腳部疾患等造成老人家行動不便，來不及或是無法自行到廁所而導致尿失禁。

· Stool impaction（便秘、大便嵌塞）

便秘不僅會造成尿失禁，也可能引發大便失禁。

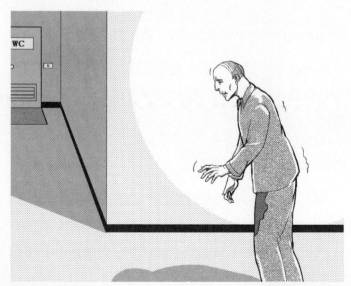

老年人行動較慢，可能還來不及到廁所就忍不住尿出來了。

尿失禁不是老化的必然

除了以上原因，膀胱逼尿肌過動也是老年人尿失禁最常見的原因。老年人因泌尿上皮以及神經傳導系統出現問題，中樞神經無法有效抑制排尿的衝動而發生尿失禁。

調整生活習慣很重要

由於造成老人尿失禁的原因很多，不能單純只靠藥物或是手術治療。內科疾病的控制，還有生活習慣的調整都很重要，需要家人或是照顧者共同幫忙。

1. 適當的時間喝水

可先嘗試適度的限制喝水量。有些老年人相信多喝水有益健康，但是過多的水分，同時也會增加膀胱的負擔。另外，老年人通常在夜間排尿較多，加上行動不變，可能發生夜尿、甚至尿床的現象。因此，如果需要補充水分，儘量在早上或是中午之前，喝湯還有吃水果可以安排在午餐，在入睡前4到6小時減少水分攝取，都可以改善夜尿。

2. 定時排尿

不要等到尿急，而是鼓勵老人家在固定的時間提早解尿（例如每2小時上一次廁所），以避免膀胱容量超過「警戒值」，來不及解尿而發生尿失禁。

3. 藥物治療

包括傳統使用的抗膽鹼藥物（Antimuscarinics），以及新一代的 β3- 腎上腺接受體促進劑（beta3-adrenergic receptor agonists），對膀胱過動造成的尿失禁都有很好的效果。近來泌尿醫學界以「肉毒桿菌素」注射膀胱肌肉以及泌尿道上皮，能夠有效改善膀胱過動，也能避免長期使用藥物所帶來的副作用。

總之，尿失禁不應該被視為老化的「過程」，尿失禁是可以治療的。尤其是「暫時性尿失禁 DIAPERS 」口訣中所提到的內科狀況，會造成突發性的尿失禁，讓原本的症狀更為嚴重，但是當潛在的因素改善，尿失禁的困擾也隨之解決，生活品質也能大幅改善。

• • •

《分居風暴》之所以獲得全球高度的評價，是因為電影場景雖然發生在伊朗，細膩的人物刻劃與情感卻無比真實。電影一開始，男女主角在法官面前，陳述必需離婚的理由。

「我的丈夫……是一個正直的好人。」女人說。她要求離婚。

「那妳為什麼要求離婚呢？」法官問。

「因為他不肯和我一起離開這個地方……」

尿失禁不是老化的必然

男人忍不住大吼：「你知道我的處境，因為我不能離開我年邁生病的父親！」

台灣即將邁入超高齡社會，這樣的難題，多少人需要面對。如何能夠拋下年邁失智的父母，飄然遠去，追尋自己的幸福？另一方面，讓年輕的一代守著老人，如同關在囚籠中的鳥，一起隨時間黯淡、消沉，這樣做又對家人公平嗎？

鄒醫師 ｜ 健康 小 叮嚀

正確使用尿布，避免後遺症

經過治療，老人尿失禁可以改善，但仍可能有些漏尿問題，夜間尿床尤其常見。許多老人家十分節儉，捨不得買專用的尿布，而用衛生紙代替。但是衛生紙的吸水功能不理想，沒有經常更換會導致嚴重的尿布疹。建議老人家如有尿失禁的問題，仍需使用適合的尿布並勤加更換，以免引發泌尿道感染或是皮膚潰爛，甚至褥瘡等更嚴重的後遺症。

泌尿科醫師的電影處方箋

女性的難言之隱
從《無情荒地有情天》
談婦女尿失禁

大提琴弦音低沉、輾轉、又似深深的嘆息。英國作曲家艾爾加（Edward William Elgar）的「E 小調大提琴協奏曲」創作於 1919 年間，正值第一次世界大戰之後，樂句中流露出濃濃的憂傷與內省。許多愛樂者非常喜愛的版本，是天才少女杜普蕾（Jacqueline du Pré）在 19 歲時所灌錄的版本。儘管協奏曲寫於艾爾加的暮年，年輕的少女杜普蕾卻把她直率的熱情灌注於每一個音符，讓這首曲子散發出令人無法忘懷的震撼力。

1998 年電影《無情荒地有情天》（Hilary and Jackie）描述了杜普蕾這位傳奇大提琴家的生活，在她 28 歲那年，因罹患多發性硬化症（MS）而不得不停止音樂演奏生涯。電影中，杜普蕾與這原因不明的神經退化疾病奮戰，更要面對無法控制的尿失禁。

擁有美貌與才氣的美少女總是讓人羨慕不已，但杜普蕾的光芒卻如
天上的流星一閃而逝。她能在 19 歲花樣年華時演奏出如此樂音，
青春的不安伴隨著這首曲子天生的憂傷，感動了許多人。這樣的天
才少女卻因為「多發性硬化症」，燦爛的人生瞬間轉調，她的大提
琴成為絕響，實在讓人不勝唏噓。

👓 尿失禁的種類

　　什麼是尿失禁？尿失禁就是在不適當的時候，不適當的場所，因為沒有辦法控制而發生漏尿現象。

　　尿失禁在婦女是非常普遍的疾病。根據 2008 年美國學者 Yashika Dooley 發表在《泌尿學期刊》(*The Journal of Urology*)的論文統計：在 4229 位年齡超過 20 歲的受訪婦女中，49% 有應力性尿失禁，15.9% 有急迫性尿失禁，34.3% 有混合型尿失禁（同時有應力性與急迫性尿失禁的症狀）。

　　尿失禁主要分為以下三種：

1. 應力性尿失禁

　　當病人腹部有壓力，或是用力、打噴嚏、咳嗽時會產生不自主尿液外漏的現象。應力性尿失禁發生的原因與膀胱出口的外括約肌功能失調有關，就像是寶特瓶蓋子鬆掉了，所以用力的時候瓶內液體會漏出來。

2. 急迫性尿失禁

　　當有急尿感之後所發生的不自主性尿液外漏的現象。急迫性尿失禁發生的原因大都與膀胱的神經功能有關。通常以藥物治療為主。

3. 滿溢性尿失禁

膀胱的尿液超過正常容量，且無法排出而導致漏尿。常見於神經性膀胱，或男性攝護腺肥大造成膀胱出口阻塞所造成。女性較為少見，但當膀胱失去收縮功能，也可能發生。

👓 一定要開刀嗎？

尿失禁如此普遍，但是根據國外研究指出，只有不到 10% 的尿失禁患者接受治療，至於國內，由於民族性較為保守，相信其數字更低。

「為什麼不去看醫師呢？」在尿失禁防治衛教活動中，一位學員訴說尿失禁帶來生活上的困擾。她包尿布，會陰部因尿布疹摩擦破皮而痛苦不堪，而尿失禁症狀已經 10 年了。換句話說，她忍耐了 10 年。

「看過，醫師聽了病情，就說要開刀。我怕開刀，就拖到現在了。」

婦女尿失禁一定要開刀嗎？其實不一定，得視尿失禁的種類還有嚴重程度而定。應力性尿失禁與急迫性尿失禁的表現不同，治療的方式也不太一樣。

尿失禁主要分為保守治療、藥物治療與手術治療。

常見婦女尿失禁的種類

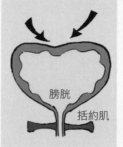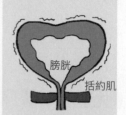

滿溢性尿失禁	應力性尿失禁	急迫性尿失禁
膀胱　括約肌	膀胱　括約肌	膀胱　括約肌
因為膀胱出口阻塞或是膀胱無力症，無法將尿液排出。膀胱的尿液太滿而漏出來。	尿道括約肌功能缺損，當腹壓增加的時候，尿液不自主地漏出來。	因膀胱過動症或膀胱發炎，尿急時無法控制發生漏尿。也常見於神經性疾病。

1. 保守治療

　　如果尿失禁的症狀並不影響日常生活，應先嘗試保守治療，包括「行為治療」與「骨盆底肌肉訓練」。

　　·**行為治療**：包括適度限制水分，避免過多水分攝取造成膀胱負擔，同時減少咖啡因的攝取（少喝咖啡、茶）。

　　·**骨盆底肌肉運動**：以「寶特瓶蓋子鬆掉了」來比喻，如果能強化寶特瓶蓋鎖緊的功能，就有機會能改善「漏尿」的尷尬。骨盆底肌肉運動藉由主動式的收縮肛門、陰道、尿道旁的肌肉，進而強化整體骨盆底肌肉群的強度，改善尿失禁。

女性的難言之隱

概念雖然簡單，但根據研究指出，只有一半不到的婦女能正確收縮骨盆底肌肉，大約只有 1/4 能改善尿失禁。我在臨床上也看過許多患者剛開始時很認真訓練，但時間一久，「一天打漁，十天曬網」，自然成效有限。看來「知易行難」與「缺乏恆心」，確實是「骨盆底肌肉運動」的障礙。

2. 藥物治療

主要用於治療「急迫性尿失禁」。

多年來，醫學界使用抗膽鹼藥物做為第一線治療，治療效果不錯，但容易有口乾、便秘等副作用。因為口乾，患者會喝更多開水，反而讓頻尿、漏尿的症狀加劇。

近日醫學界有新型治療膀胱過動藥物 β3- 腎上腺接受體促進劑，不會有傳統抗膽鹼藥物帶來的口乾、便秘等副作用。近來還有以肉毒桿菌素注射在膀胱肌肉，能夠有效控制膀胱肌肉過度收縮而造成的尿失禁。

值得注意的是，大部分急迫性尿失禁婦女患者除了漏尿，還經常合併其他排尿症狀，例如頻尿、急尿以及夜尿等，治療前應做全面性的評估。

3. 手術治療

主要用於治療「應力性尿失禁」。大家都怕開刀，這是人之常情。有患者告訴我，聽到開刀就頭皮發麻，只想

趕快從門診診間逃出去。

　　我會告訴患者，手術是治療的一種手段，如果傷口小，治療效果又很好，為何拒絕呢？應力性尿失禁手術正是如此。近年來醫學界研發的「尿道中段吊帶手術」，在女性尿道中段放置一條人工網膜所製成的吊帶，由經驗豐富的婦女泌尿醫師執行，手術時間短，恢復快，成功率可達 80% 以上。為尿失禁症狀困擾的婦女，實在不需要因為害怕手術而拒絕治療。

· · ·

　　我的次專科是神經泌尿學，門診中曾遇到好幾位年輕的女性患者和杜普蕾一樣罹患多發性硬化症，深受肢體的不便還有尿失禁的困擾。但隨著醫學的進步，多發性硬化症已經能夠得到控制，尿失禁的症狀也能夠在口服藥物的進步與肉毒桿菌素的運用之下，免於漏尿的尷尬，重拾自在的生活，也能享受戶外活動的樂趣。

女性的難言之隱

鄒醫師 ｜ 健康 小 叮嚀

正確訓練骨盆底肌肉

骨盆底肌肉運動，俗稱凱格爾運動，不僅對應力性尿失禁有效，對於急迫性尿失禁也有改善的效果。「正確收縮」還有「持之以恆」是成功的兩大要素。重點如下：

1. 以「排尿中斷法」找到正確的肌肉：可以嘗試在排尿中途將尿液中斷。能夠停止排尿的肌肉就是你要訓練的部分。

2. 開始訓練骨盆底肌肉，收縮持續 3 到 5 秒，然後放鬆 5 秒。五次後可以稍微休息。慢慢將收縮時間增長到 5 秒。

3. 自然的呼吸，不要憋氣，因為憋氣的時候負壓增加，會有反效果。不要縮小腹，也不要收縮臀部的肌肉。專注於骨盆底肌肉的收縮。

4. 每天三回，每回至少做十次收縮。持之以恆。

要特別提醒，「排尿中斷法」只是用來練習掌握正確的肌肉還有收縮方法。若經常不自然排尿中斷，容易造成排尿功能障礙，增加泌尿道感染的機率。

（更詳細的骨盆底肌肉訓練動作，可參考「台灣尿失禁防治協會」所錄製的相關影片。http://www.tcs.org.tw/community/vcd_list.asp）

騎車讓人尿尿不順？
從《破風》
談騎自行車相關泌尿疾病

· · · · · · · · · · · · · · · · · · ·

　　眼前是看似無止盡的蜿蜒公路，你騎著自行車，用自己的力量，不燃燒汽油，不依賴發動機，不排放會汙染的二氧化碳廢氣，只靠雙腿，重複踩踏飛輪，執著前進。汗水如雨珠灑下，體力瀕臨崩潰，心臟咚咚作響，可是你絕不放棄，因為知道，你追逐的前方，不只是夢想，而是你自己。

　　2015 年，由彭于晏等人主演的運動勵志電影《破風》，描述的正是幾位年輕人加入頂級賽自由車賽車隊，在追逐自己夢想的同時，鍛鍊自己的體能，信任自己的隊友，在艱困的環境中取得勝利的勵志故事。

　　在《破風》這部電影，可以看到自行車選手如何挑戰體力的極限，更要面對生命中的脆弱，砥礪淬鍊，一如人生。

《破風》裡有一句對白:「取,是能力;捨,是境界。」點出車隊中「破風手」所扮演極為奧妙的角色:在比賽最後關頭使出全力,破風而行,讓「衝線手」突破重圍,拿到冠軍。如果沒有優秀的破風手,團隊中永遠不會有冠軍衝線手。追求夢想,是要成就自己?朋友?還是團隊呢?這問題值得深思,每個人會有不同的選擇。

🕶 自行車騎士的困擾

這幾年來,在台灣騎自行車也蔚為風氣,周末時常見許多自行車騎士穿梭公路或自行車道,輕鬆騎或自我挑戰皆有。但在泌尿科門診,也常遇到自行車騎士一臉苦惱的前來就醫。

「醫師，我會陰部很不舒服，還會排尿困難！」患者是一位40多歲的男性，看起來精神充沛，肌肉結實，也很健康，但是提到排尿困難這問題，就有些擔憂。才40多歲，肛門指診也沒有攝護腺肥大，究竟是哪裡出了狀況呢？

　　「有沒有做什麼特別的運動呢？」我問。

　　「有的，我非常喜歡騎自行車。」

　　「我也是！」我眼睛一亮。「我非常喜歡騎自行車！尤其是台中的潭雅神，還有東勢到豐原的自行車道……那麼，您都騎什麼樣的車呢？騎多遠？」

　　「我騎登山車，一般的平路我是不騎的……」他停頓一下，看了我一眼。哈哈，真是有點尷尬，看起來我們平常騎的綠園道、自行車專用車道啦，和眼前這位專業車手相比，好像是小孩子騎的一樣。

　　「我通常從台中騎到大坑的山區，或是縣道136，全長57公里，貫穿台中縣市後直抵南投國姓，騎到日月潭……」

　　我不禁倒抽一口涼氣。原來眼前是鐵人級的運動員，我由衷表示敬意。

　　「先生，我想我找到您會陰部麻木還有排尿困難的原因了。您可以暫停騎自行車一陣子嗎？」

壓迫可能導致症狀

騎乘自行車時，身體大部分的重量都放在會陰部，當會陰部與座墊持續摩擦，就可能對泌尿系統帶來一些影響，包括：

1. 會陰部神經壓迫症狀

據統計，大約 7% 到 8% 經常長距離騎自行車的人會陰部、陰莖或是女性大陰唇附近會出現麻木感。這可能是因為座墊壓迫到會陰神經以及血管叢所導致。騎自行車的時間愈長，訓練的分量愈重，愈容易發生。根據 F. Sommer 醫師 2010 年發表在《性醫學期刊》的研究指出，在 100 位每週接受超過 400 公里訓練的自行車選手中，有 61% 發生會陰部麻木的症狀。

危險因子有：

‧年齡超過 50 歲。

‧體重較重。

‧騎自行車超過 10 年，每週騎自行車超過 3 小時。

如果會陰部有麻木症狀，建議暫停騎自行車 3 至 10 天，直到症狀完全消失。

自行車座墊壓迫會陰部神經及血管叢

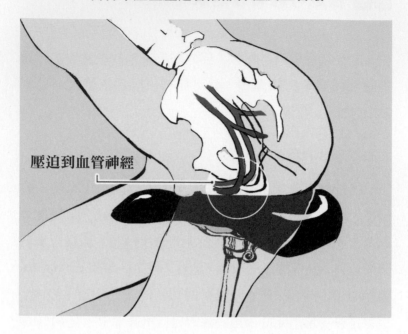

壓迫到血管神經

2. 男性性功能障礙

　　1997 年《自行車雜誌》(*Bicycling Magazine*)上曾報導,騎自行車可能與男性性功能障礙有關,造成自行車愛好者的憂慮;但之後的研究並沒有發現兩者的相關性。2004 年發表在美國泌尿科醫學會(AUA)雜誌的論文顯示,688 位經常騎自行車的運動者中,17% 有性功能障礙。但是與一般民眾相比,罹患性功能障礙的機率並沒有較高。

騎車讓人尿尿不順?

但不同的研究卻有不同的結論。Schwarzer U 醫師針對 1786 位業餘自行車選手的調查發現，58% 到 70% 的選手有會陰部麻木症狀，4% 發生性功能障礙；相對於另外 155 位游泳選手，只有 2% 的性功能障礙而言，作者懷疑騎自行車對男性性功能有負面影響。但我認為，這可能還是與騎自行車的時間還有強度有關。

3. 男性不孕症

　　之前有研究顯示，頂尖的自行車選手與其他運動員相比，其精蟲的活動力較低。這可能是因為會陰部與座墊的摩擦，以及比賽時的緊身褲造成睪丸局部的溫度上升，影響精蟲的活動力。雖然目前並沒有足夠的證據指出騎自行車與男性不孕有關，仍建議使用柔軟的座墊，避免長時間穿緊身不透氣的運動褲，以減少對精蟲品質的影響。

4. 攝護腺炎與攝護腺特異抗原增高

　　有研究指出，長時間騎自行車容易造成攝護腺炎，導致排尿困難、頻尿等症狀。也有研究發現，騎自行車時座墊對攝護腺的刺激也會導致攝護腺特異抗原（PSA）增高。PSA 是攝護腺癌的腫瘤指標，如果超過正常值，泌尿科醫師會建議接受攝護腺切片檢查。不過，也有研究認為兩者無關。

　　熱愛騎自行車的男性如果 PSA 指數升高，究竟是因為

泌尿科醫師的電影處方箋

攝護腺癌？還是騎車所引起的？的確容易讓人混淆。如果PSA 的數值只略微超過標準值，又不想立即接受切片，可暫停自行車運動一段時間後，再次抽血，確認數值是否已經下降至正常值。如果仍然異常，建議還是接受攝護腺切片比較保險。

• • •

那位騎自行車從台中越過大坑山區騎到日月潭的騎士，在停止騎車 2 週後，排尿困難症狀就逐漸改善了。我也建議他做不同的運動與騎自行車交替進行，例如跑步、快走、游泳等。

其實，騎自行車是一個非常好的有氧運動，能訓練心肺功能，和跑步或其他有氧運動相比，對關節的衝擊也較少。同時，自行車也是很環保的交通工具。或許我們無法像電影主角彭于晏騎自行車登上海拔 3275 公尺的武嶺，再一路衝刺下坡抵達花蓮，也無法如衝線手瞬間爆發，風馳電掣，我們也不一定要像鐵人級運動員般，一騎就是五、六十公里。但是，你仍然能騎上那輛陪伴你多年的老爺自行車，在陽光和煦的週六下午，迎著花香，以最怡然的速度，優游自在徜徉在自行車道。

面對人生，可以「破風」，也可以「迎風」。

鄒 醫 師 ｜ 健 康 小 叮 嚀

注意騎車時的姿勢

即使有可能發生泌尿問題，騎自行車仍是一個非常好的運動，且大部分症狀可以在短暫休息後獲得改善。建議騎乘時注意下面幾點，或許就能減少騎車帶來的困擾：

1. 增加自行車座墊的面積，使用柔軟的座墊。

2. 調整騎自行車的姿勢，不要將全身的重量放在會陰部。

3. 避免長時間過於激烈的自行車運動，騎1小時至少休息10分鐘。

就是忍不住
從《阿凡達》談神經性膀胱

．．．．．．．．．．．．．．．．．．．．

  《阿凡達》（Avatar）是 2009 年上映的 3D 科幻電影，
由詹姆斯·卡麥隆撰寫劇本並執導，這部電影才一推出就
勢如破竹，橫掃全球票房，並稱霸影史票房紀錄。

  瑰麗壯闊的景色，加上充滿想像力、緊湊的劇情，讓
觀賞《阿凡達》這部電影成為非常特殊的經驗。透過最新
科技 3D 影像，進入虛擬卻又無比真實的奇幻世界。看著
男主角為生存而奮鬥掙扎，與女主角相知相遇、相愛相
惜，彷彿就像你我熟悉的愛情片，但眼前女主角竟然是和
你我長相完全不同的外星生物——納美人：有著和老虎一
樣黃色的眼睛，又尖又長的耳朵，甚至有像猿猴般的長尾
巴。

  而電影名稱《阿凡達》並不是人名，而是指經過基因
改造，能夠由人類控制，外型與「潘朵拉星」上原住民

透過 3D 影像觀看《阿凡達》時，彷彿自己也化身為「潘朵拉星球人」，在純淨的天空下生活，更具有與大自然溝通的能力，能在樹林中跳躍，在天空翱翔。當納美人為了捍衛家園終需與人類一戰時，我內心企盼的，是納美人能夠獲勝。相信你也一樣吧。那是因為，我們期盼能獲勝的，是心中堅守的善良、誠實、正直與愛情。

「納美人」相同的生物。也就是說，「阿凡達」外表上看起來是納美人，但實際上操縱這生物靈魂的，是人類。

神經性膀胱的原因

電影中的男主角是在戰場上受傷的軍人，因脊髓損傷

而下半身無法自由行動，因緣際會之下，來到「潘朵拉星」擔任操控「阿凡達」的任務。當他成功與「阿凡達」連結，擁有了新的身體，彷彿再度重生，而且「阿凡達」的軀體比他原來所擁有的力量更為強大！

不過，回到現實，在「阿凡達」還沒有真正發明之前，脊髓損傷的患者還是要面對神經受傷之後帶來的種種困擾。其中一個日常生活中無法迴避的重要問題，就是神經性膀胱，也就是因神經系統疾病而造成的膀胱功能障礙。

正常的膀胱功能（包括儲存和排空尿液）需要複雜的神經系統，包括自主神經與體神經共同來完成。因此，如果神經系統出現障礙，例如大腦或脊椎神經疾病，就可能發生神經性膀胱。

神經性膀胱發生的原因，有可能是先天性的疾病，例如脊髓膨出、腦性麻痺等；也可能因為後天疾病，例如腦中風、帕金森氏症、多發性硬化症、脊髓損傷、脊髓手術、外傷、中樞神經系統腫瘤等。

這樣看來，任何神經系統疾病，都可能導致排尿的問題，其中老年人常有神經系統退化疾病，發生急尿、頻尿等過動症的比率會較高。

排尿症狀依神經受損部位而不同，可簡單分為兩類：

就是忍不住

1. 膀胱逼尿肌過動

常發生於神經損傷的部位在薦椎以上，會有頻尿困擾（一天排尿次數八次以上）、尿急感，甚至在尿急的時候忍不住而發生漏尿。

2. 膀胱無力症

神經損傷的部位在薦椎以下，膀胱失去收縮功能。這個時候，解尿成了「苦差事」，因為排尿非常困難，滴滴答答，還是尿不乾淨。

另外，神經損傷的部位在薦椎以上，還有可能合併有「逼尿肌—外括約肌共濟失調」，也就是說，當膀胱收縮的時候，但膀胱的出口無法打開。

神經性膀胱的治療

神經性膀胱的治療也會因神經受損的種類而有不同。

1.「膀胱逼尿肌過動」患者

口服藥物治療方面，有抗膽鹼藥物與 β 3- 腎上腺接受體促進劑。β 3- 腎上腺接受體促進劑「Mirabegron」是新的藥物，於 2012 年由美國 FDA 核准上市用於治療膀胱過動症，促使膀胱鬆弛，增加膀胱容積，且不會有傳統抗膽

鹼藥物帶來的口乾、便秘等副作用。

如果口服藥物效果仍不理想，肉毒桿菌素膀胱注射是一項好的選擇。肉毒桿菌素能阻斷神經末梢乙醯膽鹼素，達到放鬆肌肉的效果。

2.「膀胱無力症」患者

膀胱失去收縮力，無法有效排空膀胱內的尿液，建議間歇性清潔導尿，也就是用導管將膀胱的尿液引流出來，這樣能有效降低腎臟損傷及泌尿道感染的機會。間歇性清潔導尿一天要四至六次，建議由患者自己，或由家人、照顧者執行。

避免造成腎功能損傷很重要

當膀胱收縮，出口又不能順利開啟時，膀胱就像壓力鍋一樣，壓力上升，尿液沒有辦法順利的由腎臟經由輸尿管進入膀胱，造成膀胱輸尿管逆流。如果沒有妥善治療，神經性膀胱可能會造成腎水腫、腎臟功能的損傷，嚴重的時候可能需要洗腎，此外也容易產生泌尿系統結石，腎臟泌尿感染（發燒、急性腎盂腎炎），造成健康重大的隱憂。

在門診我經常遇到神經性膀胱的患者（或家屬）不能理解排尿長期照護的重要性，甚至剛開始還會抗拒導尿這

神經性膀胱可能的併發症

腎臟功能受損	泌尿系統結石	反覆泌尿道感染

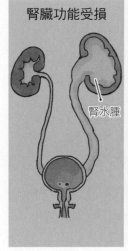

腎水腫

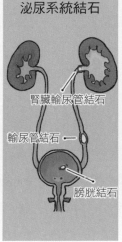

腎臟輸尿管結石

輸尿管結石

膀胱結石

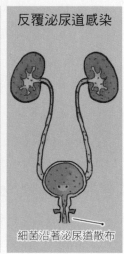

細菌沿著泌尿道散布

件事。

「瞎米！需要導尿？為什麼？她明明就可以解尿啊？只不過是尿失禁，需要尿布而已……」患者是 15 歲的國中女生，陪伴看診的媽媽不解的說。

「我不想導尿！」女孩也說。

「尿失禁只是表象，小妹妹因為先天性的神經疾病，膀胱失去了收縮功能，順應性又不好，膀胱的壓力太高才會發生漏尿。現在是國中生了，還需要尿布。妳看……」我對小妹妹還有她的媽媽說：「這是超音波的影像，雙側

*泌尿科醫師*的電影處方箋

已經腎水腫了，腎功能開始變差，還有，上週才因為腎盂腎炎發燒住院，不是嗎？」

媽媽呆呆望著電腦螢幕上的超音波影像。

「那麼醫師，難道這孩子一輩子都要導尿？」媽媽滿是不捨。小妹妹因為先天性脊柱膨出，出生後不久就接受手術，這一路走來小妹妹和父母都承受了很大的痛苦。

「妹妹，你已經是大女孩了！」我轉向女孩。

「你15歲了，長大了，未來的健康要自己負責，不能一輩子都靠媽媽。知道嗎？」我望向媽媽，她讚許的點點頭。「所以醫師告訴妳，神經性膀胱的照顧非常重要，你也不希望經常發燒、感染，甚至腎臟壞掉，這樣的話，媽媽會很操心的，不是嗎？」

小妹妹把淚水擦了擦，用堅定的眼神說：「醫師，謝謝你，我了解了。請告訴我該怎麼做。」小妹妹接受了肉毒桿菌素膀胱內注射，之後持續自我清潔導尿。一段時間之後，她和媽媽回到門診，我注意到她們的臉上出現笑容。

「最近好嗎？」我問。

妹妹點了點頭，還是有點害羞。

「改善很多了耶！謝謝醫師。」媽媽說。「最大的改變是妹妹現在不需要包尿布了，雖然需要導尿，但不用擔心尿濕褲子的問題，功課也進步了。妹妹真的很開心呢！醫師，謝謝你。」

我也笑了。身為醫者，這是最欣慰的時刻。

就是忍不住

許多神經疾患的患者會注意到肢體的運動功能，卻因為排尿症狀不容易被他人察覺，而掉以輕心，以為漏尿，包個尿布就好。但是「神經性膀胱」帶來的後果卻嚴重得多，不可不慎！

. . .

為什麼《阿凡達》會引起如此大的共鳴？電影中的納美人敬愛，也畏懼大自然，熱愛生命、家人與朋友。納美人沒有科技，只有弓箭與棍棒，卻善用身體的每一分力量，狩獵覓食，也追尋真理與愛情。這不是現代人最缺乏也最嚮往的嗎？

在沒有手機、沒有平板電腦的星球能夠得到幸福嗎？我想答案是肯定的。

鄒 醫 師 ｜ 健 康 小 叮 嚀

神經性膀胱比想像中更普遍

台灣已經進入高齡社會，退化性神經疾病伴隨著排尿障礙，將會是許多高齡者的困擾。其中的「膀胱無力症」，「自我清潔導尿」是照護中很重要的一環。許多人擔心自己、家人或外勞操作導尿程序會引發泌尿道感染，其實只要經過適當的學習，透過自我導尿的動作就能有效將膀胱的尿液排空，避免併發症。

一夜三次郎
從《大尾鱸鰻》談夜尿困擾多

．．．．．．．．．．．．．．．．．．．

　　2017 年 5 月影視主持界天王豬哥亮因大腸癌病逝，這是台灣藝能界的一大損失。一時之間，電視新聞中不斷播放著他的電影、綜藝節目畫面，以及他曲折多舛的人生故事點滴。

　　豬哥亮機智的臨場反應還有適當的笑點，真的是讓人拍案叫絕！他挖苦別人，也調侃自己，當然也還有吃女星豆腐的橋段（為了節目效果）……從他的主持風格，我們可以看到如何用幽默化解緊張，拉近人與人的距離，相信這也是他的綜藝節目如此受歡迎的原因。

　　豬哥亮復出演藝界後，幾部賀歲大片，包括《大尾鱸鰻》、《雞排英雄》、《大稻埕》等也極受歡迎。尤其 2013 年賀歲片《大尾鱸鰻》（David Loman），由豬哥亮率美女俊男郭采潔、楊祐寧主演，創下全台超過 4.3 億台幣的票

賀歲片《大尾鱸鰻》展現另類台灣奇蹟。從鄉下來的攝影師一夕之間成了黑幫老大。「鱸鰻老大」威風八面，卻仍保有小人物的詼諧與溫暖。豬哥亮在片中扮演不同身分角色，都能畫龍點睛，讓人開懷大笑。巨星已逝，電影中的身影將長留觀眾心中。

泌尿科醫師的電影處方箋

房佳績。

👓 一夜尿三次？！

片中豬哥亮分飾兩角，在因緣際會互換身分後，從「喊水會結凍」的大尾流氓，變成低調的風水師「老賀」。有趣的是，老賀有三個老婆「大中小三朵花」，既然身分互換了，這三個老婆可得一併接收，豬哥亮硬生生被「強迫中獎」，坐享齊人之福。

「阮老賀一個晚上都能三次，那你呢？」三朵花問。

「這……這我莫法度。」男人嚇得差一點從椅子上摔下來。

「我是說夜尿三次啦！」

「一個晚上三次」，若是指性行為，對很多上了年紀的男性而言的確是「不可能的任務」，但若是夜尿，確實是許多中老年人的困擾。

國際尿控協會（ICS）將「夜尿」定義為：夜間一次或多次必須因解尿而醒來。根據統計，介於 50 歲至 59 歲的女性，58% 有夜尿問題，同年齡男性則有 66%。若是超過 80 歲，女性為 72%，男性更高達 91%，可見夜尿困擾在中老年族群非常普遍。

夜尿如此常見，研究指出，夜間起床解尿一次對生活

一夜三次郎

睡眠夜尿影響品質，對健康也有負面影響。

品質影響不大，但頻繁的夜尿影響身心健康，臨床上，兩
次或兩次以上的夜尿就需考慮接受治療。

　　如果像《大尾鱸鰻》片中豬哥亮所飾演角色那樣「一
夜起床三次解尿」，睡眠肯定大受影響，進而導致日間精
神渙散，容易疲倦、沮喪，甚至憂鬱、工作品質下降等。
對老年人來說，夜尿問題更會增加夜間摔跤的機會；據
R.B. Stewart 等人發表在《美國老年醫學會期刊》（*Journal
of the American Geriatrics Society*）的統計資料指出，超過
兩次以上夜尿的人發生夜間跌倒的機會增加 10% 至 21%，
如果導致股骨骨折，將引發嚴重的後遺症。

夜尿分兩種

許多人有夜尿的困擾，第一個想到的原因「攝護腺肥大」，其實女人沒有攝護腺，一樣也會為夜尿所苦。所以夜尿不一定是攝護腺肥大所引起，也不是男人所特有，女性也深受其擾。

造成夜尿的原因有很多，大致可分為「夜間多尿」與「膀胱容積變小」。兩者可以用 24 小時「排尿日記」加以區分，如果夜間排出尿液超過全天總量的三分之一，可能是夜間尿液過多；反之，如果夜間頻頻起床解尿，但每次尿量不多，則可能是因膀胱容積變小所引起。

1. 夜間多尿

是中老年人夜尿的主要原因之一。隨著年齡增長，原本在入睡後由腦下垂體分泌的抗利尿激素（ADH）分泌減少。年輕時，即使睡前「開懷暢飲」也能「一覺到天亮」，但中年以後，可能就要「準點向廁所報到了」。許多內科疾病，如心臟血管疾病、糖尿病、腎臟病等也會導致夜間尿量增多。

2. 膀胱容量變小

可能與老化、膀胱過動症、膀胱出口阻塞（如攝護腺

肥大）、神經性系統疾病（如腦中風等）有關。患者白天常有頻尿、尿急等症狀，到了夜間更是為夜尿所苦。此外，睡眠障礙、焦慮、睡眠呼吸中止症等影響睡眠品質，也是造成夜尿的原因。

正因為夜尿的原因複雜，增加診斷與治療的困難度。根據多年臨床經驗，大多數夜尿患者的成因都不只一種，可能同時有泌尿、睡眠以及內科疾病的困擾，必須一一找出病因，予以矯正。

夜尿怎麼辦？

日本泌尿科學者 Takeshi Soda 發表在《泌尿學期刊》的論文建議，夜尿患者傍晚以後要特別限制水分攝取，包括食物中的水分、湯以及水果，並且避免酒精及含咖啡因飲料。但要注意的是，如果有經常性泌尿道感染、結石的患者，白天仍要攝取足夠的水分。否則為了避免夜尿，反而引發泌尿系統感染或是結石復發，得不償失。

有位 60 多歲的女性患者來看診，她的身體狀況向來很好，也沒有高血壓、心臟病等慢性病，但是最近夜尿的問題深深困擾她。

她愁眉苦臉地說：「醫師，夜尿讓我真的好痛苦，一個

晚上要起來尿尿四、五次，根本沒有辦法好好睡覺。你看，我都快變成熊貓眼了！」仔細一看，女患者的眼窩周圍顏色較深，還真的有一點像熊貓眼呢！

「之前有看過醫師嗎？」我問。

「看過很多位醫師啦！也吃了一堆藥，有的醫師說這叫膀胱過動症，可是吃了藥也沒有效。」她看起來有些沮喪。「搞得現在白天也昏昏沉沉的，精神很不好。」

仔細詢問之下，原來她和先生開茶莊，最近生意愈來愈好，晚上經常要陪客人品茶。看起來，她是因為晚上喝太多茶，攝取過多水分。這可能是她嚴重夜尿的原因。

我告訴患者，要治療夜尿，不能只靠藥物，而應從生活習慣的改變開始。我建議她入睡前 4 小時避免咖啡因等飲料，還有減少水分的攝取，再配合放鬆膀胱與抗利尿激素藥物。於是這位患者的夜尿情況改善許多，睡眠品質也變好了。

· · ·

《大尾鱸鰻》片中許多詼諧逗趣的對白讓人津津樂道。有一幕用餐時服務員問道：「要冰的還是熱的？」其中「冰的」與台語「翻桌」諧音，竟然引發一場黑道大火拼，一時之間，火光四射，煙硝與哀嚎齊飛，而這一場血腥的殺戮，竟然是一句「冰的」所引起。那段時間，相信很多人和我一樣，如果到了餐廳有服務員問：「先生，你

一夜三次郎

的咖啡要冰的還是熱的？」總會會心一笑。

　　巨星殞落，不僅大家覺得惋惜，更覺得心中有一塊角落也隨之失去。我相信，他所帶給大家的歡樂，那些點點滴滴，將長留在我們心中。

 鄒 醫 師 ｜ 健 康 小 叮 嚀

雙管齊下很重要

夜尿雖然常見，有人以為是老化的自然現象而忽略，但是兩次以上夜尿影響睡眠，對健康有負面影響。

夜尿是可以改善的，生活習慣的調整與藥物治療兩者都很重要，可同時進行。睡前宜減少喝水。如果是「膀胱容量較小」，可嘗試放鬆膀胱的藥物，如抗膽鹼藥物或 β3- 腎上腺接受體促進劑。如果有「夜間多尿」，現在有口服「抗利尿激素」，讓夜間尿量變少，改善夜尿。不過這類藥物可能影響體內水分平衡，造成低血鈉症，因此必須在醫師仔細監控下使用。

小心寶貝蛋
從《半澤直樹》談睪丸創傷

面對不公不義，該如何自處？像蝸牛一樣，縮進小小一方安全的殼，任外面世界魑魅魍魎，瓦釜雷鳴？或是勇敢挺身而出，揭下惡人的面具，還天地一個風清雲霽的朗朗晴空！

半澤直樹可沒有那麼容易妥協！面對偷雞摸狗的傢伙，不管是頂頭上司，或是位高權重的高官，他都秉持良心，正面迎戰，絕不妥協！

日劇《半澤直樹》（日文：半沢直樹）是日本 TBS 電視台於 2013 年推出的作品，描寫銀行員半澤直樹面對派系鬥爭，還有商場險惡的算計、誘罪，眼看就要成為金融犯罪底下的犧牲品。但他不願畏縮成為代罪羔羊，選擇勇敢面對挑戰，鍥而不捨找出金融界的敗類，予以迎頭痛擊！不但為自己平反，也為在金錢遊戲之下犧牲受害的人

《半澤直樹》的劇情與人物，讓許多上班族感同身受。身在職場，誰沒有「受委屈」的經驗？誰沒有「背黑鍋」的痛苦？只不過有時候因為種種因素，只能吞忍下去。但是如果涉及大是大非，那就不容妥協！多少黑心食品、黑心企業，都需要秉持正義的「吹哨者」揭發，社會大眾才能免於恐懼。半澤直樹，好樣的！

147

泌尿科醫師的電影處方箋

們找到尊嚴。

《半澤直樹》劇中最令人印象深刻的，是半澤直樹對爛上司怒吼：「我會讓你『加倍奉還！十倍奉還！』」這一幕讓電視機前的觀眾也跟著血脈賁張，大吐心中一口怨氣！「加倍奉還！」也成了當年許多上班族的口頭禪。

半澤直樹正義凜然，當然也要有反派人物來襯托。其中一個讓人咬牙切齒的角色就是國稅局查察部的「黑崎」。劇中的黑崎陰柔尖酸，薄情易怒，對待下屬更是不假辭色，當有人辦事不力，他的招牌懲罰動作竟然是伸出「狼爪」，一把狠狠捏住對方胯下的「重要部位」。對方痛苦的哀號，臉部扭曲的表情（當然這是戲劇的誇張呈現啦！），真叫人擔心男人的重要器官——睪丸，會不會被捏碎呀！

👓 能自然閃躲的睪丸

睪丸位於陰囊，藉由精索懸吊於身體外面，直覺上應很容易受傷。但陰囊是一個相當有彈性的組織，加上包覆精索的提睪肌有收縮力，如受到外力撞擊，睪丸就像是打「躲避球」一樣，能自然閃躲，因此發生嚴重受傷的機會並不是很大（所以當然也不會那麼容易被捏碎）。

睪丸受傷好發於 15 歲到 40 歲。根據統計，有 75% 是

「鈍挫傷」，例如運動時被球砸中、肢體碰撞時被踢到；
「穿刺傷」（如槍傷、利刃穿刺）等其他傷害約占 25%。正
因為睪丸有「躲避球」的特色，因鈍挫傷造成雙側受傷的
機會很小，約 1.5%，但是穿刺傷造成雙側睪丸損傷的機會
則有 30%。正常男性有兩顆睪丸，即使一側嚴重受傷，另
一顆睪丸仍能保有雄性激素分泌及造精功能，倘若兩側皆
嚴重受損，影響之大可想而知。

　　睪丸鈍挫傷最常見，所以常從事有肢體碰撞運動的男
性以及家有活潑好動男孩的家長往往最為關心。根據美國
2002 年一項研究統計發現，運動中發生睪丸損傷的機會其

睪丸受傷 75% 是「鈍挫傷」，例如被球砸中、或被踢到。

OMG! 你踢錯「球」了啦！

泌尿科醫師的電影處方箋

實相當低。不過某些運動項目導致睪丸受傷的機會確實較高，美國一項針對 731 位高中及大學運動選手所做的調查結果，發生睪丸受傷比例最高的是曲棍球（48.5%），其次是摔角（32.8%）、棒球（21%）以及足球（17.8%）。

除了運動傷害，睪丸鈍挫傷的原因還包括：被踢到、車禍撞擊、跌落以及騎馬或騎自行車造成的傷害。

睪丸穿刺傷可能是因利器或是子彈穿過，也可能是因為自殘或動物咬傷。其中較常見的是被狗咬。我就曾經收治過一個國小五年級的男童，被鄰居的大狗咬住命根子，還好利齒咬穿褲子，穿刺他的陰囊，並沒有將睪丸咬破。

注意其他病症的可能性

如何知道睪丸受傷呢？通常都有明顯的外力撞擊或是穿刺傷的病史，伴隨睪丸疼痛，甚至噁心、嘔吐的感覺。嚴重的傷害通常有明顯的陰囊血腫，甚至腫大如棒球般大小，外觀因為瘀血而成青黑色。

身為泌尿科醫師，門診上常遇到年輕男孩因運動打球，發生肢體碰撞導致睪丸受傷的例子。但若有不尋常的陰囊腫大，建議還是儘速至泌尿科門診就診，因為也有可能是其他嚴重疾病所導致。

小心寶貝蛋

睪丸腫大可能的病因

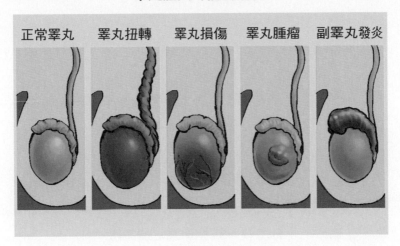

| 正常睪丸 | 睪丸扭轉 | 睪丸損傷 | 睪丸腫瘤 | 副睪丸發炎 |

有一位 16 歲，內向、有點害羞的高中男生，由媽媽陪同前來看診。

「哪裡不舒服？」我問。

「左邊睪丸腫……腫起來了。」小男生有點支支吾吾。停頓了一會兒，他媽媽接著說：「他告訴我，2 個月前打籃球的時候被踢到了啦！又不給我們看，也不說痛，最近看他走路怪怪的，才告訴我們愈腫愈大……」因為小男生以為睪丸腫大只是打球被踢到，但是並非如此。

超音波的影像顯示，高度懷疑是睪丸腫瘤，摸起來有硬塊，而且睪丸癌的腫瘤指標上升，遠遠超過正常值。

這位 16 歲個子高大，卻很安靜的男生，左邊的睪丸腫

得像雞蛋那樣大，但因為不痛，加上青春期的孩子不願意告訴父母，也不願意給他們看，拖了 2 個月了才來泌尿科看診。

我告訴他們，左側睪丸腫大，可能是因為「睪丸癌」。接下來需要將罹癌的睪丸切除，並視病理及影像學檢查結果，可能需要加上放射或化學治療。

這是我行醫經驗中印象深刻，內心也相當難過的時候。因此遇到睪丸受傷的患者，與其他嚴重疾病做鑑別診斷，在臨床上十分重要，以免延誤治療時機。

除了睪丸癌外，其他可能疾病有：

‧**急性副睪、睪丸炎**：同樣會出現急性陰囊腫痛症狀，但沒有明顯的外力撞擊，或是出現與受傷程度不成比例的嚴重疼痛及腫脹。通常以內科抗生素治療。

‧**睪丸扭轉**：是泌尿科的急症，發生的原因不明。睪丸發生扭轉造成缺血而出現急性疼痛、腫脹，臨床表現和睪丸受傷很像。睪丸扭轉需儘速手術復位。若是超過一定時間，只好將壞死的睪丸切除。

• • •

睪丸是男性的重要器官，主掌「生育」與「雄性激素的分泌」，正常狀況下，發生嚴重損傷的機會並不大，《半澤直樹》日劇中反派主角之一黑崎以「捏蛋蛋」當作懲

小心寶貝蛋

罰，讓人又驚訝又好笑，但在日常生活中，可千萬不要學。有些調皮搗蛋的小男生會互相偷襲「重要部位」，我在急診也曾經診治過被同學霸凌的案例，所幸小男生的陰囊只有局部的紅腫，睪丸並沒有被「捏破」。無論如何，睪丸是攸關生育大事的重要器官，豈能拿來開玩笑？！

 鄒醫師 ｜ 健康小叮嚀

睪丸受傷需要手術嗎？

睪丸受傷時視受傷程度，可以保守觀察或是手術治療。如果睪丸受到撞擊之後沒有持續劇烈的疼痛，外觀沒有瘀血或特別腫大，可以保守觀察。反之，如果出現以上狀況，建議至泌尿科門診或是急診就診。超音波是重要的診斷工具，如果發現包覆睪丸的「白膜」破裂，可能需要手術清創並且修補。

小男孩的第一刀
從《戰火浮生錄》
談到底要不要割包皮？

‧‧‧‧‧‧‧‧‧‧‧‧‧‧‧‧‧‧‧‧

2012 年，歐洲泌尿科醫學會在巴黎舉行。初春的花都，空氣沁涼，路邊花卉卻在不起眼的角落，紅、紫、黃、綠冶豔繽紛，以驚喜之外的姿態綻放，迎風綽約。

我的腳步卻略顯急躁，這趟法國之行，除了開會，我也想找尋一部電影的 DVD。

這部電影，讓我魂縈夢繫。第一次看的時候，我是中學生，後來在台灣每隔幾年重新上映，我都帶著「朝聖」的心情進電影院觀賞，不過這些年再也沒有這部片子的蹤跡，連錄影帶、DVD 也沒有。這次來到巴黎，我想找這部電影。

「Bonjour ！」

走進 DVD 店，一頭金色短髮的俏麗女店員向我打招呼。

還是中學生的我，在《戰火浮生錄》這部電影裡領略到芭蕾之美，
爵士樂、踢踏舞的自由愉悅，並初窺貝多芬與布拉姆斯等大作曲家
古典音樂的殿堂。3個多小時的影片，是音樂、舞蹈、心靈的饗宴。
如此一部電影，是我對藝術的初戀，永遠無法忘懷。

我在架上隨意瀏覽尋找，咦？怎麼封面上的主角沒有穿衣服？再看下一個陳列架，哇！更是「養眼」，也沒有穿衣服！難道，難道我走進成人電影 DVD 店？

　　「需要幫忙嗎？」女店員走近，用帶著法國腔的英文問。我滿臉通紅，剎時只想奪門而出，轉念一想，也可以問她呀。

　　「是的，我想找一部大約 30 幾年前的法國電影，但是台灣已經找不到了。」

　　「你從台灣來？想找一部電影？我想你一定非常喜歡這部電影！」女孩微笑著說，有點尷尬的看看架上琳瑯滿目的成人 DVD。「告訴我片名，也許可以幫你，或許這家店沒有，但我可以告訴你哪裡買得到……」

　　「片名……我不知道，」我結結巴巴，這真的是超級尷尬，飛了一萬公里來到法國，卻不知道這電影的片名該如何說。「我不懂法文，念不出電影的法文片名，只知道中文片名，喔！對了，英文的意思是『這些人和那些人』。」

　　女孩先是充滿疑惑的看著我，聽了「這些人和那些人」幾秒鐘後，她忽然驚喜的叫道：「對了，是不是這部電影？」

　　走出 DVD 店，我手裡握者一張紙片，女孩在上頭寫著：「Les Uns et les Autres」

　　這是法國大導演克勞德・雷路許（Claude Lelouch）

小男孩的第一刀

1981 年的作品，台灣上映時片名為《戰火浮生錄》，用音樂、舞蹈與歌唱描述 1930 年代幾個家庭歷經第二次世界大戰及戰後的故事。

👓 割包皮能預防愛滋病？

電影中有一幕令我難忘：為追捕猶太人，德國納粹軍人進入小學，喝令全班小男生把褲子脫下來，逐一檢視。其中一個小男生割過包皮，立刻被認出是猶太人。因為宗教的原因，猶太人會為小男生施行割禮。真沒想到，這居然成了判斷是否為猶太人的依據。

包皮環切手術是全世界男性最常接受的手術，也是現今最具爭議性的手術之一。在台灣，也有許多家長問：應不應該為小男生割包皮？

美國泌尿科醫學會（AUA）指出，新生兒包皮環切手術有潛在的好處以及壞處。好處是可以避免包莖、龜頭包皮炎，並大幅降低出生後第 3 至 6 個月發生泌尿道感染的機會，長大後罹患陰莖癌的機會也降低。

不過，陰莖癌發生的機會並不高，泌尿道感染也很容易治療，那麼關於割包皮最引人注目的好處：能夠預防愛滋病，是真的嗎？根據 Robert Szabo 發表在《英國醫學雜誌》（*British Medical Journal*）的論文，目前有超過 40 個

157

研究指出，男性包皮環切手術能夠降低罹患「人類免疫缺乏病毒」（HIV）的風險。其中最具戲劇性的研究來自於在非洲進行的研究報告。在這個研究中，所有研究對象都詳細給予有關如何預防愛滋病的知識，並提供免費的保險套，但 89% 的男性從來沒有使用過保險套。經過超過 30 個月的觀察後發現，50 位曾經接受包皮環切手術的男性中沒有人得到 HIV；另一方面，沒有接受過包皮環切手術的 137 位男性中有 40 個感染。

世界衛生組織也具體指出，男性包皮環切可以降低 60% 感染 HIV 的機會，但 AUA 提醒：包皮環切不應該被當作預防 HIV 感染的唯一途徑，安全性行為以及妥善的防護措施才是最重要的。

割包皮手術並非絕對必要

在台灣，大多數家庭並沒有因宗教因素讓新生男嬰接受包皮環切手術，卻經常因為小男孩包皮過長、沾黏，或是包皮紅腫疼痛就醫。

一位非常活潑，還在念幼稚園的小男生被媽媽帶來看診，希望能安排割包皮手術。

「他包皮發炎已經好幾次了，朋友都建議把包皮割掉

就好了。」媽媽開門見山的說。

我幫小男生做檢查，他不肯配合，在診療床上爬上爬下，沒有一秒鐘安靜。

「包皮確實有一點長，有一點輕微的發炎，我幫弟弟開一些藥膏，抹在包皮上，先觀察一下。」

「什麼？還要抹藥、觀察？不是把包皮割掉就好了嗎？」媽媽驚訝的問。

「弟弟的包皮確實有點長，但是並不是一定要接受包皮切除的手術。弟弟年紀這麼小，要接受手術，一定很害怕。更何況這個手術要接受全身麻醉，也要評估全身麻醉的風險。」

「全身麻醉？割包皮是很簡單的小手術，局部麻醉就

包皮過長與包莖的分別

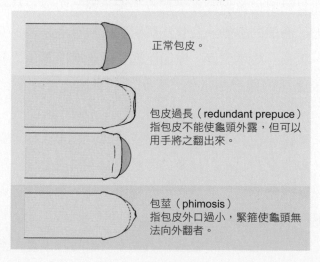

正常包皮。

包皮過長（redundant prepuce）
指包皮不能使龜頭外露，但可以用手將之翻出來。

包莖（phimosis）
指包皮外口過小，緊箍使龜頭無法向外翻者。

可以了吧！」媽媽問。

「局部麻醉？」我看了看小男孩，「媽媽，您覺得他可以配合的在手術台上平躺 15 分鐘，讓醫師開刀嗎？」小男孩正在檢查床上跳上跳下，護士阿姨在後面追。

「乖乖平躺 15 分鐘？我看不可能。他非常怕痛，打針都要呼天喊地。」媽媽終於抓住兒子，點點頭說。

「是啊，不然，我們可以先局部塗抹藥膏，保持包皮的清潔，先觀察一段時間，您覺得如何？」我這樣建議。

媽媽接受了我的建議，使用含類固醇的藥膏治療。一個月後回診，小弟弟原本緊縮的包皮已經能夠打開了。

小男生究竟應不應該割包皮呢？

目前泌尿科醫師的意見通常是：除非絕對必要，不建議在幼兒或兒童階段接受包皮手術，因為需要全身麻醉，增加了麻醉的風險。且包皮環切手術也有危險性，例如出血、感染、陰莖受傷、尿道阻塞、陰莖彎曲等。但發生嚴重後遺症的機會相當低，較輕微的併發症發生率大約為 3%。

美國小兒科醫學會（AAP）在 2012 年發表的聲明指出，新生兒割包皮對健康的好處超過手術風險，但該學會並未建議所有男嬰均應接受割包皮手術，應由父母與醫師妥善討論後決定。

青春期之後，如果包皮過長（勃起的時候龜頭無法外

露）造成清潔不易或是反覆發炎，可以考慮在局部麻醉之下接受這項手術。至於若想要預防 HIV 感染還有性病，全程使用保險套以及安全性行為，才是最重要的預防途徑。

• • •

感謝那位法國女店員的推薦，我順利在巴黎 Fnac 找到《戰火浮生錄》的 DVD。重新看這部電影，就像遇見多年不見的初戀戀人，有驚喜，有回憶，有苦澀，有感觸。

《戰火浮生錄》在波麗露（Bolero）舞曲的樂聲展開，也在波麗露波瀾壯闊的管弦、人聲與舞蹈中結束。終場的「波麗露舞曲」音樂會，匯集了劇中所有藝術家，戰爭中的憂傷痛苦，人性的扭曲終將遠去，對摯友親人的愛，一如波麗露樂聲，跌宕起伏，綿延不絕。

 鄒醫師 │ 健 康 小 叮 嚀

天生我材必有用

包皮絕非一無是處，不僅有保護龜頭的功能，對於有尿道下裂，或因燒燙傷而需要植皮的患者，自己的包皮提供了絕佳的皮膚來源。在幼兒時期，如果包皮紅腫疼痛，有發炎的現象，絕大多數可以採保守治療，塗抹含類固醇的藥膏並保持包皮清潔，就能得到改善。

化學去勢的美麗與哀愁
從《模仿遊戲》
談男性荷爾蒙阻斷療法

....

　　四周闃暗，前方光影將你引曳至另一個空間，時間可以靜止、扭曲或旋轉；或許是無可奈何的別離，或是銘心刻骨的愛情……你的淚水再也止不住，從臉頰滑下。先是小心的用手拭去，繼而輕輕吸啜，別讓淚水從鼻子流出來……

　　突然間，燈光大亮，螢幕打出「The End」，周邊的人粗魯起身，彈簧坐墊砰砰轟然作響。你還坐在那兒，滿臉淚痕，手足無措，不知如何是好。

　　那年我 8 歲，與父親去看柯俊雄、甄珍主演的電影《英烈千秋》。電影結束，淚卻不止。爸爸溫暖的大手拍拍我：「別哭，別哭，這只是電影……」爸爸顯然不知道該如何安慰這個 8 歲的孩子，反覆就這幾句，好像沒什麼效果。走出電影院，夏日午後的西門町，父親溫暖的大手緊

艾倫·圖靈發明的「圖靈機」成功破解二次世界大戰德軍密碼機「恩尼格碼」，至少讓戰爭提早 2 年結束。「是否能創造一種機器，能運算比人腦更龐大的數字，甚至能思考、判斷下一步？」圖靈這樣問。是的，70 多年前他設計的機器，我們今天稱之為：電腦。

泌尿科醫師的電影處方箋

緊握著我的手……

看電影《模仿遊戲》（The Imitation Game）時，當影片結束，我在座位上久久無法起身，而周邊也不時傳來吸鼻子的聲音。這部電影以英國數學天才艾倫‧圖靈的故事為藍本，他在二次世界大戰期間協助盟軍破解德國納粹號稱世上最精密的「恩尼格碼」密碼機（Enigma），至少拯救了千萬人性命，卻因為他同性戀的身分，被以猥褻罪起訴。為了避免入獄，能夠繼續研究，他被迫接受化學去勢（chemical castration），最後孤獨的結束自己的生命。

👓 晚期攝護腺癌的重要療法

圖靈教授最後的日子將自己囚禁在堆滿雜物的空間，雙手顫抖，行動不便。我不禁想，這是接受化學去勢的後遺症嗎？

什麼是化學去勢？後遺症有這麼可怕嗎？

化學去勢是使用藥物讓睪丸無法製造男性荷爾蒙而達到「去勢」的效果。當然，用這種方法來「治療」男同性戀是錯誤的。

在現代醫學上，男性荷爾蒙阻斷療法在許多疾病的治療上有重要的地位。美國芝加哥大學哈金斯醫師（Charles B. Huggins）等人因發現荷爾蒙療法對晚期攝護腺癌的治

化學去勢的美麗與哀愁

療有重大貢獻，於 1966 年得到諾貝爾醫學獎。

若確定罹患攝護腺癌時，早期可以接受攝護腺根除手術或是放射線治療。如果攝護腺癌已經有局部侵犯，或有淋巴結、骨骼的轉移，這個時候男性荷爾蒙阻斷療法就非常重要了。

對於已有局部侵犯或是遠端轉移的攝護腺癌，藉由阻斷刺激攝護腺癌細胞生長及分化之男性荷爾蒙，可以達到抑制攝護腺癌之目的。方法包括手術去勢（將雙側睪丸切除）以及化學去勢，如注射黃體激素釋放激素類似物（LHRH analog）或是服用抗男性荷爾蒙藥物等。

男性荷爾蒙阻斷療法不能治癒攝護腺癌，但是能夠讓攝護腺癌腫瘤縮小或是減緩癌細胞生長的速度；也用於搭配其他治療，例如於放射線治療前使用以縮小腫瘤，使後續治療更加有效。

醫學上的其他應用

除了攝護腺癌，常見的攝護腺肥大也可以藉由調控男性荷爾蒙達到治療目的。從 40 歲到 50 歲開始，攝護腺受到雄性激素的刺激，日漸肥大，進而造成膀胱出口的阻塞，而有排尿上的問題，如排尿斷斷續續、頻尿、夜尿等，嚴重時甚至可能無法解尿，而需要放置導尿管，苦不

堪言。攝護腺肥大是年紀增長之後的自然現象嗎？這個進展可能改變嗎？答案是可能的。透過口服藥物 5-alpha 還原酶抑制劑（如「尿適通」Dutasteride）能降低體內雙氫睪固酮 DHT 的濃度，縮小攝護腺體積，並改善排尿症狀。

另外一個讓男性困擾的雄性禿，也能以男性荷爾蒙療法來治療。受到雄性激素的刺激，男性的頭髮毛囊開始萎縮，隨著年齡增長，頭髮日漸稀疏，甚至成為「童山濯濯」的禿頭。雖說「十個禿頭九個富」，但是年紀較輕的男性若是開始掉髮，不免心裡有些負擔。治療男性掉髮的「柔沛」（finasteride）也是一種 5-alpha 還原酶抑制劑，劑

5-alpha 還原酶抑制劑縮小攝護腺的原理

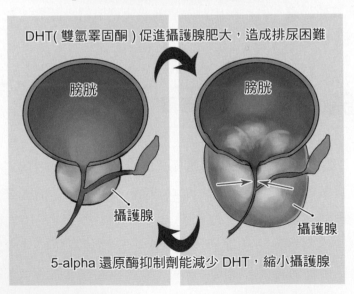

DHT(雙氫睪固酮) 促進攝護腺肥大，造成排尿困難

膀胱

膀胱

攝護腺

攝護腺

5-alpha 還原酶抑制劑能減少 DHT，縮小攝護腺

量只有治療攝護腺肥大的五分之一，能減緩掉髮速度，不過效果因人而異。這樣看來，調控男性荷爾蒙，在醫學上運用相當廣。

採用調控男性荷爾蒙療法，可能的副作用包括性慾減退、性功能障礙、乳房壓痛、潮熱盜汗、骨質疏鬆等，但大部分患者應該不會出現如《模仿遊戲》男主角之嚴重狀況。

有位患者因為無法解尿，在急診室緊急插導尿管。
「醫師，請盡快幫我把尿管拔掉。」他看起來焦慮而且

5-alpha 還原酶抑制劑能減少 DHT，減少掉髮

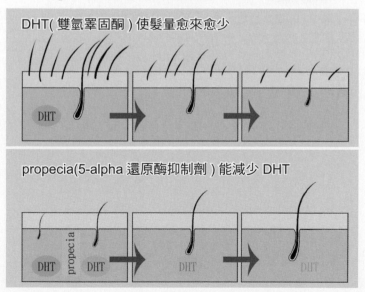

DHT(雙氫睪固酮) 使髮量愈來愈少

DHT

propecia(5-alpha 還原酶抑制劑) 能減少 DHT

DHT　propecia　DHT　　DHT　　DHT

痛苦。

「好的，同時我們也要詳細檢查，為什麼你會尿不出來？因為你才 40 多歲呀！」

攝護腺肥大是造成急性尿滯留的常見原因，經常發生在 50 歲以上的男性。這位患者才 40 出頭，需要放導尿管的狀況比較不尋常。

經過肛門指診及超音波檢查，我驚訝的發現，他的攝護腺非常巨大。還好導尿管順利拔除了，但因為攝護腺造成阻塞，排尿依舊困難，而且滴滴答答。

我幫他開立 5-alpha 還原酶抑制劑，縮小攝護腺體積。

幾個月之後，他排尿症狀大為改善。不過回門診的時候，卻希望更換藥物。

「排尿狀況不是改善了嗎，為什麼還要換藥？」我驚訝的問。

「醫師，排尿是順暢了，可是……可是我對『那件事』興趣缺缺，老婆有些抱怨……」

「是啊，」我說：「俗話說，有一好就沒兩好（台語）。」

我和他提到了攝護腺手術。患者想了想，還是決定持續接受 5-alpha 還原酶抑制劑治療。

「謝謝醫師，我了解了，我現在還不想接受手術，但也不想再插尿管。更何況，我注意到另外一件事……」他說著指了指頭上的頭髮：「注意到嗎？我原本有些禿頭，

化學去勢的美麗與哀愁

服用這種藥物後，頭髮竟然變多！這真是太神奇了！」

. . .

身為泌尿科醫師，幾乎每天門診都為患者開立荷爾蒙治療。在電影《模仿遊戲》看到艾倫·圖靈因為同性戀被判罪，強迫接受化學去勢，內心有很深的感觸。

因為他和別人不一樣，被誤解，被屈辱，被暴力相對。看到這樣善良而且孤獨的靈魂受到凌虐，讓人覺得心痛與惋惜。

因為種種原因，與父親看《英烈千秋》那一年後，有很長時間沒有機會進入電影院。長大後，當自己有能力買票看電影時，VHS 錄影帶出來了，接著是 DVD、藍光播放器。人們不必進電影院，在客廳就可以欣賞電影。但我還是覺得，在電影院裡看著偌大的銀幕，震撼的音響，與一群陌生人欣賞電影的感受是不同的，只不過內心激動的時候，要忍住眼淚還真是很辛苦。

下一次，如果你在電影散場的時候，看見一個男人，有點胖，鼻梁上掛著一副眼鏡，鼻子紅紅的，請不要急著遞紙巾給他。或許，他還沉浸在某一段劇情，某一段音樂，沉浸在那一年夏天，西門町電影街金黃色耀眼的陽光，父親溫暖的大手……

鄒醫師 ｜ 健康小叮嚀

定期追蹤 PSA 很重要

攝護腺癌是男性最常見的泌尿惡性腫瘤。早期的攝護腺癌並沒有症狀，許多年長的男性都有排尿較為困難、頻尿、夜尿等症狀，這些有可能是因為良性攝護腺肥大所造成，也有可能是攝護腺癌。因此 50 歲以上的男性定期追蹤攝護腺特異抗原（PSA）以及接受攝護腺肛門指診很重要。

男性荷爾蒙阻斷療法在醫學上使用廣泛，嚴重的副作用不常見，有需要接受此療法的患者不需太過擔心。

化學去勢的美麗與哀愁

Part

III

找回健康有醫劇

低溫下的健康隱憂
從《冰雪奇緣》談冬天保養之道

· · · · · · · · · · · · · · · · · · ·

　　電影史上最賣座的動畫片是哪一部？是耳熟能詳的《獅子王》？《玩具總動員》？都不是，答案是 2013 年迪士尼推出的《冰雪奇緣》（Frozen）。

　　《冰雪奇緣》究竟有什麼魅力，能獲得全球熱烈迴響，成為有史以來最高票房的動畫片？它的故事取材自安徒生童話的「冰雪女王」，兩位女主角的姊妹親情，逗趣可愛的小雪人「雪寶」，外貌俊俏多情卻內心險惡的王子，姊姊愛莎威力龐大卻又無法控制的冰雪魔法，緊湊的劇情讓小孩、大人都深深著迷；再加上動人的音樂，更為是《冰雪奇緣》的轟動賣座大大加分。英語片名「Frozen」（冰凍）最能呼應貫穿全片的意象：低溫、寒冷、冰霜風雪。如果在寒流的低溫下看這部電影，應該會有身歷其境的感受。

📖 冬日盛行的疾病

　　然而，當「艾倫戴爾」王國因為愛莎的魔法永遠被大雪冰封時，嚴寒的冬天讓人民受凍難耐；在真實生活中，雖然台灣冬天平地還不至於降下大雪，但寒流來襲時一樣讓人難以忍受，也可能為健康帶來許多隱憂。

　　一個寒冷的下午，一位 70 多歲老先生匆匆忙忙來到我的門診。他是一位退休教授，平日客氣有禮貌，那天卻是神情非常焦慮，坐立不安。

　　「不是還沒有到回診拿藥的時間嗎？」我看了他的病歷，攝護腺肥大持續以藥物控制，應該還有一個多月才需要回診。

　　「醫師啊！我從昨天晚上到現在都沒有尿，根本尿不出來，肚子脹得跟鼓一樣……」

　　我幫他裝了尿管，立刻有超過 1000c.c. 的尿從膀胱引流出。

　　進一步詢問才知道，這幾天天氣非常冷，老人家的身體已經不太舒服，又感冒，吃了西藥房買的感冒藥，更尿不出來了。

　　這是一個很典型的例子。在冬天，寒冷的天氣造成交

173

漫天冰雪中，當踽踽獨行的愛莎公主唱出：「讓它去吧！讓它去吧！我不再在乎他們說什麼，我是自由的……」激昂的歌聲中，那個內心恐懼、退縮的小女孩甩開頭髮，蛻變成一身藍白、亮麗耀眼的女王！這一刻，相信所有人都會有一種被釋放的激動與興奮，不由自主的跟著哼唱起來呢。

感神經亢奮，攝護腺的神經緊繃，導致排尿困難。加上冬天也是感冒盛行的季節，許多感冒藥成分會影響排尿功能，對有攝護腺肥大困擾的男人而言，真的是痛苦不堪。不得已，只好放導尿管。

此外，冬天因排汗較少，有膀胱過動症狀的患者也容易頻尿。夜尿則是另一個常見問題，如果夜尿超過兩次以上會影響睡眠品質，對健康造成影響。

低溫下的健康隱憂

除了泌尿系統外,在冬天寒冷的氣候,還有許多疾病盛行,例如:

1. 一般感冒及流行性感冒

大家都知道冬天容易感冒,為什麼感冒與氣候有關呢?那是因為感冒病毒在低溫的環境下存活較久,也較為活躍,讓傳染的機率大為上升。加上寒冬門窗關閉,病毒聚集在室內,不通風的環境不僅有助於病毒的傳播,也會造成免疫力下降。

2. 偏頭痛

氣候劇烈的變化會讓血管收縮,可能讓偏頭痛症狀更明顯。

3. 心血管疾病

這點是氣候劇烈變化時對健康最大的威脅。寒冷造成血管收縮,血壓上升,可能引發心血管疾病,腦中風發生的機會也增加,尤其在清晨,更需做好保暖。

4. 呼吸系統疾病

呼吸系統吸進冷空氣,可能引發氣管的痙攣。有氣喘及過敏病史的患者更要注意。

5. 憂鬱

冬天景色比較蕭條，日照較為不足。當寒流來襲時，天空一片陰霾，對於老年人而言，可能引發憂鬱的傾向。如果持續一段時間心情低落，或是有負面的思想，建議到精神科就醫。

6. 冬季皮膚搔癢症

許多人每到秋冬交接時就會全身搔癢不已，通常在下肢部位，主要是因皮膚變得較乾燥（尤其是洗完熱水澡後）。建議注意皮膚的保濕，避免用太熱的水洗澡，並使用中性的肥皂清潔皮膚。

冬日保暖重點

要避免上述冬天疾病上身，保暖是最基本的事，此時可以採用洋蔥式的穿衣法。顧名思義，就是穿衣要像洋蔥一層一層的，會比單獨穿一件厚大衣有更好的保暖效果。因為衣服之間的空氣層，能提供比服裝本身更好的保溫作用。當室內外溫差較大，或是從事運動時，洋蔥式穿衣法的穿、脫也更有彈性。洋蔥式穿法如下：

・裡層：除了要能保暖、吸汗以外，更重要的是能有效排汗。尤其是從事室外活動的時候，能迅速將汗水排

低溫下的健康隱憂

出，避免潮濕的衣物緊貼皮膚，造成體溫散失。

‧**中層**：保溫層，採用保溫效果良好的材質，能維持體溫。例如人造纖維、羽絨等。

‧**外層**：防風防雨層。通常是有阻絕外界風雨功能的外套或大衣。

另外，搭配帽子、手套或襪子、圍巾，也能有效達到保暖效果。

‧**戴帽子**：50% 身體熱量是經由頭部散失。合適的帽子有助禦寒。

‧**手套、襪子**：面對寒冷，大腦下視丘會做出保持核心（內臟器官）溫度的指令，因此手腳容易冰冷。然而，手有豐富的神經，冰冷的感覺會相當不舒服。在極度寒冷氣候之下，手腳的血管灌流不足，甚至容易發生凍瘡。

‧**圍巾**：可以防止熱量從脖子散失。

‧‧‧

台灣平地的都市當然沒有像《冰雪奇緣》裡冰天雪地的景象，但是當寒流來襲時，又濕又冷，加上大部分台灣家庭不像歐美有暖氣設施，室外室內同樣低溫，這對於有慢性病的老人家而言，真的是一大挑戰！

當冬天寒流來的時候，有慢性病，尤其是心臟血管疾病的患者，應特別注意保暖，減少外出，才是安全之道。

（本文承中國醫藥大學附設醫院家庭醫學科林文元教授閱稿，謹此致謝。）

洋蔥式穿法

第一層：透氣排汗良好的貼身衣物。

第二層：有保暖功能。

第三層：有防水防風功能的大衣。

此外，帽子、圍巾、手套還有襪子等配件也都很重要喔！

鄒醫師 ｜ 健康小叮嚀

冬日飲食重點

寒冷的天氣身體需要產生更多能量，此時飲食更要注意，建議攝取足夠的熱量，還有新鮮的蔬果，增進抵抗力，同時注重保暖，以減少感冒的機會。

充足的水分對於抵抗寒冷也很重要。許多人有錯誤觀念，以為冬天喝酒可以保暖。事實卻是相反。酒精會使皮膚微血管擴張，反而增加體溫散失；咖啡因也有相同效果，建議兩者皆減少攝取。

低溫下的健康隱憂

喝水，學問大
從《阿拉伯的勞倫斯》
談如何正確喝水

• • • • • • • • • • • • • • • • • •

　　我對於 70 年代之前的老電影，有種強烈特殊的情感，或許是在那個沒有電腦動畫的年代，那種千軍萬馬，壯闊河山比較接近真實；而動輒 3 小時以上的影片長度，也有充足的時間讓男女主角深情相望，纏綿悱惻，生死相許。也或許是，這些經典有我小時候陪父親看電影的珍貴回憶：台大附近東南亞戲院路邊攤的「珍饈」牛肉湯麵、街角的「叭噗」冰淇淋⋯⋯都是舌尖能品嚐到的濃郁父愛。

　　其中一部始終令我難忘的經典名片，是 1963 年奧斯卡獎最佳影片，由大衛連執導，彼得奧圖主演的《阿拉伯的勞倫斯》（Lawrence of Arabia）。電影描述第一次世界大戰時，英國軍官勞倫斯協助阿拉伯人民對抗土耳其鄂圖曼帝國的故事。氣勢磅礴，近 4 小時的電影毫無冷場，在烈日黃沙，極度嚴酷的環境下面對死亡、慾望、征戰、勇

泌尿科醫師的電影處方箋

氣，史詩傳頌在阿拉伯的沙漠中。

👓 每天該喝多少水？

在廣袤無垠的沙漠中，水是部族最重要的生存財產，對人體來說也是如此。烈日之下，無論是在沙漠，或走在都市叢林的紅磚道上，適當的喝水，對我們的身體健康非常重要，因為人體百分之六十是水，人類沒有食物還可存活 30 天至 40 天（約 5 週），然而若沒水，生命約 3 天至 5 天就終了。

多喝水好處多多，就泌尿科來說，多喝水能預防腎臟結石及泌尿道感染，也是改善便秘最簡單有效的方法；也有研究指出，多喝水對膀胱癌、大腸直腸癌有預防效果。

每天應該喝多少水？看似簡單的問題，卻沒有標準答案。美國有「8×8 盎司」的建議，也就是每日喝 8 杯 8 盎司的水（1 盎司約 30c.c.，總量約 1920c.c.）。另一個簡單的公式是：體重（kg）x30。如體重 70 公斤，建議攝取2100c.c. 的水。但這只是大約的估算，應喝多少水，與每個人的活動量、居住環境和健康狀況有很大關係。

1. 運動量

如果從事某些劇烈的運動，如馬拉松、長距離的游泳

或是自行車，這時不僅是水分，電解質的補充也很重要，運動飲料是一種選擇。

2. 環境

若是炎熱潮濕的環境，在不自覺的情況下所蒸發的汗水其實遠超過想像。我有一位患者住在頂樓，為家人烹煮三餐，在廚房當中汗如雨下，就像身處於《阿拉伯的勞倫斯》中沙漠酷熱氣候下，因為沒有經常補水，所以她經常罹患腎臟結石。

3. 疾病及健康狀況

在發燒的狀況之下，身體會蒸發水分；腹瀉（拉肚子）時則隨糞便排出水分，也會造成電解質的流失。這些狀況之下，要攝取更多的水，並適度補充電解質。

另一方面，如果是心臟衰竭、慢性腎臟病患者，攝取水分也要小心，因為如果喝了過多的水無法排出，反而可能造成嚴重的健康問題，例如肺水腫導致呼吸困難、心臟衰竭加劇等。

4. 懷孕及哺乳

哺育母乳的媽媽通常醫師會建議喝水量增加 600 c.c 至 700c.c. 以提供代謝，且多喝水有助於乳汁的製造。

泌尿科醫師的電影處方箋

《阿拉伯的勞倫斯》大部分場景是沙漠，天際線盡頭是熱氣滾滾的黃沙，狂風捲起，燠熱熾燒的塵土鋪天蓋地撲來。劇中有一段，勞倫斯冒著缺水的危險，希望能找到在沙漠中脫隊的人，最後當他成功救回失蹤者後，不僅贏得阿拉伯人的敬意，他所說的一句台詞：「nothing is written.」（事在人為）更成為經典名言。

喝水，學問大

為什麼要多喝水

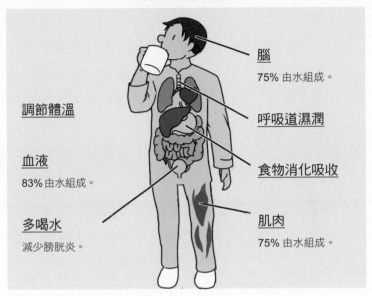

腦
75% 由水組成。

調節體溫

血液
83% 由水組成。

呼吸道濕潤

食物消化吸收

多喝水
減少膀胱炎。

肌肉
75% 由水組成。

也可以從食物中補充水

　　除了直接喝水，食物也是水分的一個來源。一般而言，我們一天大約百分之二十的水分攝取來自於食物。不過，這與飲食習慣有很大關係。有些人習慣以稀飯、湯麵為主食，或是有喝湯習慣的人，從食物當中就已經攝取相當多的水分。也有人經常喝泡沫紅茶、珍珠奶茶，或是咖啡，這也都是水分攝取的來源。

　　老年人有時不太想喝水，或是喝了覺得腸胃不舒服，導致喝水量不足，此時可由富含水分的食物，如稀飯、湯

泌尿科醫師的電影處方箋

麵中補充。

「怎麼樣？我媽媽的泌尿道感染好一點了沒有？」

在我面前的是一位頭髮花白的老先生，聲音低沉，說話的語調有點慢，是個溫和的人。不過今天來看診的不是這位老先生，而是他95歲的母親。

我看了報告，經過抗生素治療，老太太尿路感染有改善，但還沒有完全好。

「要多喝一些水啊！」我說。

「我知道，我一直告訴媽媽要多喝水，多喝水，有時候，都要吵架了！」兒子說：「可是媽媽年紀大了，說喝不下水，也不想喝水，我沒有辦法太勉強她……」兒子無奈的說。

我請這位老先生在母親的飲食當中儘量多加一些水分，一來富含水分的糊狀食物也很好消化，二來可以增加老太太的尿量，有助於尿路感染的控制。

「醫師，您的建議有效喔！媽媽的尿現不再像以前那樣混濁了！」2週後，患者的兒子欣慰的說。

如何知道喝水量是否足夠？有一個簡單的方法，就是觀察尿液的顏色。如喝水量足夠，尿液是清澈或淡黃色，如果尿液呈深黃色，可能代表水分不足。

喝水，學問大

看了《阿拉伯的勞倫斯》這部電影，我們彷彿隨著男主角彼得奧圖一起進入那個極度乾旱酷熱的沙漠，喉頭柴火猛炙，嘴唇因乾燥而迸裂……，會讓我們迫不急待想喝水，也更懂得珍惜水。因為喝水，真的是攸關健康的事。

 鄒 醫 師 ｜ 健 康 小 叮 嚀

小心過猶不及

雖然喝水有好處，但過度攝取也可能帶來問題。如果喝太多水後發現有呼吸急促、會喘、下肢水腫等情況，有可能是心臟或腎臟功能有問題，建議就醫檢查。尿失禁患者喝太多水會增加膀胱負擔，易有頻尿、漏尿情況，「夜尿」更會影響中老年人的睡眠品質，直接危害健康。

冰敷？還是熱敷？
從《我的少女時代》談運動傷害

我的一位多年好友，思路清晰，視野恢宏，在法學界已經小有名氣。有次聊天，他提到最近非常喜歡一部電影，甚至進電影院看了兩次。

「哪一部電影？」我非常好奇。

「我的少女時代。」

「噗──！」我口中含著的茶差一點噴了出來。「我的少女時代？！我們不是少女啊？而且我們不當少女……哦不，不當少男已經很久了……」

「你誤會了。」看到我吃驚的表情，朋友忍不住笑了。「這部電影並不是專給少女看的，而是給我們這個年代的人看的，讓我想起年輕時候的許多事……」

《我的少女時代》是 2015 年暑假的大黑馬，締造驚人的票房。背景設定在 1994 年（片頭是新聞播報小虎隊中

《我的少女時代》讓多少人沉浸在曾經擁有的年少輕狂。當劇中男女主角 20 年後再次相逢，已經年近 40，竟然能夠與 18 歲的青春無縫接軌，彷彿中間不曾有任何情感的滄桑或是家庭的牽絆。或許這正是電影的魅力，讓真愛可以安然經過時間與空間的洗禮，不消失，也不褪色。

的蘇有朋休學），大量使用 90 年代的元素，例如草蜢、劉德華的歌曲、卡式錄音機、冰宮等，將觀眾帶回 20 多年前的氛圍。

　　幾乎每一個少女故事都有一位白馬王子：英俊白皙，功課好，會彈吉他也會唱歌，還一定是籃球校隊。主角之一歐陽非凡正是這樣的人物。其中有一幕，王子練球的時候腳扭傷，旁邊的女生嘰嘰喳喳的討論：「要冰敷嗎？」

187

「唉呦，要熱敷啦！」究竟運動傷害發生的時候，該如何處理？

🕶️ 運動傷害的可能原因

什麼是運動傷害呢？運動傷害泛指因從事運動而造成身體的損傷。有些運動傷害是因為意外所造成，有些是因為不良的訓練過程、設備不佳，或是暖身運動不足所引起。常見的運動傷害包括：

1. 肌肉扭傷

扭傷是由於身體摔倒或撞擊，使關節脫離位置，並破壞支撐韌帶。扭傷程度分為一度（輕微的拉傷韌帶）到第三度（完全撕裂）。最容易扭傷的部位是腳踝、膝蓋和手腕。依不同程度的受傷而有觸痛或疼痛、瘀血腫脹；嚴重的時候不僅無法運動，甚至沒有辦法移動肢體或關節。

2. 膝關節損傷

運動過程中，不管是跑、跳，膝關節都扮演重要的角色。膝關節構造十分複雜，經常在運動中受傷。膝關節受傷可以是輕度到重度。即使是輕微的扭傷，仍可能非常疼痛，而且嚴重影響運動功能。膝關節有四條主要韌帶，如

冰敷？還是熱敷？

果嚴重受損，可能需接受手術。

3. 阿基里斯腱受傷

阿基里斯腱是連結小腿肌肉與腳後跟的肌腱，位於關鍵的樞紐，其重要性可想而知。阿基里斯腱撕裂甚至斷裂可能突然發生，並帶來巨大的痛苦，經常發生於中年、只有在周末運動的人身上。熱身不足、突然激烈的運動是常見的原因。肌腱炎、老化或過度使用，也是阿基里斯腱受傷的危險因子。

4. 脫臼

當組合在一起形成關節的兩個骨頭分開時，稱為脫臼。足球、籃球等運動，以及可能導致過度伸展的動作，如排球的扣殺、網球的發球等都很容易造成脫臼。這是需要醫療的緊急情況，要盡快就醫。其中，手關節與肩關節是最常脫位的關節。

5. 骨折

骨折可分為「急性骨折」與反覆壓力造成的「壓力性骨折」。

· **急性骨折**：可能為單純骨折（單純的骨頭斷裂，對周邊組織沒有太大影響）或是複合式骨折（骨頭斷裂時的碎片可能穿刺皮膚，並對骨骼周圍的軟組織造成傷害）。

如果斷裂的骨骼穿刺皮膚要特別小心，因為發生感染的機會很高。

‧**壓力性骨折**：主要發生在腳和腿部。跑步的時候人體下肢會承受約體重兩到三倍重量的衝擊。常見於體操或田徑等需跳躍的運動，下肢骨骼承受重複衝擊而造成。

👓 運動傷害的處置

前些日子看到一位年輕醫師左腿打上石膏，拄著拐杖走路。我知道他是個運動健將，在籃球場上拼鬥的狠勁和小伙子相比毫不遜色。

「怎麼了？」我關心的問。

「小事……我是說，本來是小事，」他無奈的說。「只不過打球的時候扭了一下，本來是小傷，有點痛，我不想掃大家的興，忍痛打完那場球，結果結束的時候腳腫得像麵包一樣。去看了骨科醫師，說韌帶有撕裂傷，要固定一段時間。」

像這樣的例子其實很常見，一開始以為是小傷而輕忽，或許為了不想讓隊友掃興，或為了「運動家精神」，咬著牙完成比賽，卻可能造成更嚴重的傷害。

如果覺得自己身體有時已經有受傷的徵兆，例如肌肉

冰敷？還是熱敷？

或關節有不尋常的痠痛，應該立即休息。而發生急性運動傷害時最重要的，就是立即停止運動。

　　關於初步處置，美國國家關節炎及骨骼肌肉皮膚疾病研究院（NIAMS）提到 RICE 初步處置四原則，並至少維持 48 小時，可以減輕疼痛，減少組織腫脹。

1.Rest（休息）

　　減少日常活動。如果受傷部位位於下肢（腳踝關節或是膝蓋），不要讓受傷的部位繼續承受重量。行走時建議使用拐杖。

運動傷害初步處置原則

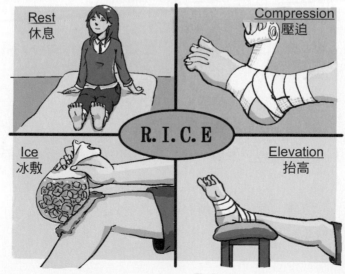

泌尿科醫師的電影處方箋

2.Ice（冰敷）

每次 20 分鐘，一天四至八次。可以將碎冰放在塑膠袋裡，外面用毛巾包覆，做成簡易冰敷袋。不過要特別注意，20 分鐘後必須將冰敷袋取下來，避免低溫造成傷害。

3.Compression（壓迫）

可以使用彈性繃帶將受傷的部位施予平均的壓力壓迫，減少組織腫脹。

4.Elevation（抬高）

將受傷部位抬高超過心臟的位置，以減少組織的腫脹。

經過初步處置，運動傷害可能需經由醫師進一步治療，包括：

．**非類固醇抗發炎藥物（NSAID）**：可以減少組織腫脹，緩解疼痛。

．**固定**：避免受傷部位進一步受傷。

．**手術**：某些情況需要手術處理。例如將受傷韌帶縫合，將骨折復位。幸好，大部分的運動傷害不需要接受手術。

．**復健**：逐步讓受傷的組織恢復到正常的功能。

• • •

冰敷？還是熱敷？

在《我的少女時代》中，女主角林真心把冰棒當成冰敷的材料，送給腳踝受傷的白馬王子冰敷，觀念是正確的，也是一絕呢！

究竟是怎樣的魅力，不僅是年輕人，不僅是少男與少女，竟然也讓看盡世間滄桑的中年人走進電影院，觀賞《我的少女時代》這部電影？或許正是那種無憂無慮的青春歲月，那份男孩女孩青澀的情愫與悸動，讓人彷彿回到曾經擁有的年少輕狂吧。且不妨沉浸其中，當最後一幕男女主角互道「好久不見」，一起轉身走向台北小巨蛋炫目光彩的電視牆，您或許也會不由自主的跟著哼唱起主題曲「小幸運」呢⋯⋯

 鄒 醫 師 ｜ 健 康 小 叮 嚀

假日運動員要小心

許多人都是假日才有時間運動，但突然增加的運動量最容易造成運動傷害。建議不要將一週該做的運動量在假日一次完成，超過身體負荷，會增加受傷的機會。

運動前一定做暖身，至少 5 到 10 分鐘，適度伸展運動的肌肉，可以增加肌肉的血流量還有伸展性；運動前也請先補充水分，避免身體缺水，對預防運動傷害有幫助。

*泌尿科醫師*的電影處方箋

別再把頭往後仰了
從《丹麥女孩》談流鼻血該怎麼辦？

．．．．．．．．．．．．．．．

　　他望向她——如此美麗的女孩！穿著連身洋裝，脂粉薄施，腥紅色的唇膏映襯得嘴唇鮮豔欲滴。在長睫毛下，大而清亮的眼睛，眼神卻是驚慌、不安，如被獵人犀利目光緊盯的小動物。

　　她想逃，卻無力掙扎。他捧起她的臉，輕喚她的名字，嘴唇貼近。她顫抖者，接受他的吻。那是充滿狂喜與痛苦的吻！一瞬間，鮮血從她的鼻子冒出來⋯⋯

　　為什麼在這充滿浪漫激情的時刻，這個女孩會流鼻血呢？因為這吻是如此不能為社會所接受？是因為，這楚楚動人的女孩，是不折不扣的男兒身！

　　這一幕場景出現在 2015 年電影《丹麥女孩》（The Danish Girl）。這部電影以第一位接受變性手術者「莉莉・艾爾伯」的故事為藍本。飾演《丹麥女孩》的影帝艾

不是每個人都像莉莉，內心與外在有著那樣大的衝突。但平凡如你我，真的已經接受上天賦予自己的形體與生命了嗎？你也願意接受身邊與我們不完全相同的人嗎？接受自己吧！也接受你身邊的人。讓他們和自己一樣，自由且有尊嚴的活著，例如《丹麥女孩》。

迪‧瑞德曼並榮獲 2016 年奧斯卡最佳男主角獎提名。

主角「莉莉‧艾爾伯」原本是男兒身，本名「埃納‧韋格納」，是個已經嶄露頭角的優秀風景畫家。他的妻子也是畫家。有一次模特兒臨時失約，太太請他穿上女裝充當模特兒——那充滿女性特質的蕾絲，充滿女性溫柔色彩的衣裳，剎時間，他內心湧出成為女性的慾望，如闃暗天空中迸放的火花，再也無法抑制。

是的，他穿上女孩子的衣服，與妻子一同出席派對，在男人眼中，他是不折不扣，如此美麗的女人！當男人以原始的慾望捧起他的臉，打算親吻的時候，主角臉上飛濺的鼻血就像是世俗禮教的鞭笞，硬生生的將兩人隔開……

為什麼會流鼻血？

流鼻血在《丹麥女孩》這部電影是一個事件，也是一個隱喻，但是在現實生活中，許多人都有流鼻血的經驗。該如何處理呢？

流鼻血好發於冬天，乾冷的空氣；可以發生在任何年紀，但是特別好發於 2 歲到 10 歲的兒童，還有 50 歲到 80 歲的中老年人。

流鼻血最常見的原因是「受傷」。可能因外部撞擊，更常見的是擤鼻子或用手指挖鼻孔，都可能導致脆弱的鼻

別再把頭往後仰了

腔黏膜出血。

一些內科疾病也可能導致流鼻血，例如服用抗凝血劑，或肝臟疾病造成凝血功能異常；高血壓也可能導致流鼻血。在《丹麥女孩》電影中的激情時刻，主角卻流鼻血，的確有可能因為過於激動而導致。

我的耳鼻喉科醫師朋友也曾提到一個病例故事。

一位國小高年級的小男生因為反覆流鼻血由媽媽陪同到醫院看診。檢查結果沒有大礙，應該是鼻腔黏膜比較脆弱，小男生又有下意識的摳鼻孔的動作，才導致常常流鼻血。醫師囑咐要改掉這個壞習慣。

「唉呦！原來如此，為了這個流鼻血，我們家弟弟在學校一直被嘲笑。」

耳鼻喉科朋友嚇了一跳，流鼻血還要被嘲笑？

「他的同學都笑他是看到女生太過興奮，才會流鼻血的啦！……說真的，剛開始連我也這麼懷疑。」

看來，這些小朋友惡作劇的話語，的確也有可能讓人產生誤解呢。就如同一些漫畫中男子看到美女就鼻血直噴，其實是較為誇張的表現方式，因為即使是暫時性的血壓升高，沒有外力，也不致發生流鼻血。

👓 流鼻血該如何處理？

看到鮮血從鼻子流出來，一般人內心一定很恐慌。為了避免鮮血流到衣服上或是弄髒地板，常會下意識的把頭仰高，但這是錯誤的作法。因為這樣會讓更多的血流到喉嚨，造成呼吸困難或嗆咳。流鼻血時，首先請保持冷靜，然後按照下面三個步驟處理：

1. 坐著，記得不要把頭往後仰。

2. 用食指和拇指捏住鼻翼兩側，壓迫止血 10 分鐘。

3. 儘量吐掉口中的血，因為將過多的血吞下肚子可能會造成嘔吐。

當鼻血止住之後，要特別注意，24 小時之內不要再給鼻子任何刺激。容易流鼻血的人可以注意以下事項，可減少發生流鼻血：

1. 避免擤鼻子或是摳鼻子。

2. 避免激烈的運動，尤其是舉重物。

3. 乾冷的天氣中要記得保持鼻子的濕潤。戴上口罩是一個簡單有效的方法。

• • •

在十分保守的 1920 年代，《丹麥女孩》渴望成為女性，穿著女裝，卻受盡歧視羞辱，人身安全都遭受威脅，

別再把頭往後仰了

流鼻血時請注意

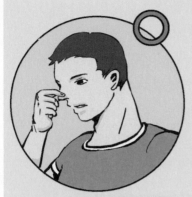

流鼻血的時候須保持冷靜，保持頭略低，用食指和拇指將鼻翼兩側捏起來壓迫止血十分鐘。

把頭往後仰是錯誤的。因為會讓鼻血流到喉嚨，造成呼吸困難或是嗆咳。

以今日的詞語描述，是受到可怕的「霸凌」。

電影中最讓我感到難過的一幕，是莉莉穿著女裝走在路上，兩個男人看出他不是一般的女孩子，開始嘲笑、戲弄他，他們把莉莉當成了怪物！接著拳打腳踢，讓他倒在地上輾轉哀嚎，遍體鱗傷。

他犯了什麼錯？有著一顆纖細敏感的心，錯了嗎？有著男人的軀體，內心卻住著一個女人，莉莉只想依照心中渴望的形象存在，錯了嗎？無法從容的活在這個世界，莉莉決定接受兩次變性手術，最後卻死於併發症。

我們是否能夠平等，善意的對待與自己不同的人？我想到那個流鼻血的小男生，已經要承受身體的不適，竟然還得面對同學的嘲笑！回想成長過程中，也有同學因為行為舉止比較「溫柔」而被他人嘲笑娘娘腔，取各式各樣女性化的綽號。

《丹麥女孩》中主角的痛苦，給我們內心沉澱的機會，思考是否應該用更關懷的心看待與我們不同的人？也審視自己，是否能夠面對自己和別人不同的那一面？

不管別人的眼光。

（本文關於流鼻血處理相關文字，承中國醫藥大學附設醫院耳鼻喉科主治醫師王堂權審稿，謹此致謝。）

 鄒 醫 師 ｜ 健 康 小 叮 嚀

什麼時候需要就醫？

流鼻血時，若有以下狀況要儘速就醫：

1. 經常性的流鼻血，必須就醫排除是否有潛在問題，如鼻咽血管纖維瘤或鼻咽癌等。

2. 超過 10 分鐘仍然沒有辦法止血。

3. 暈眩，或幾乎要昏倒了。

4. 覺得心跳過快或是呼吸困難。

5. 除了鼻血，其他部位也會出血，例如血尿或是血便。

6. 皮膚容易發生瘀青。

別再把頭往後仰了

戒菸永遠不嫌晚
從《BJ 單身日記》談抽菸壞處多

想到文藝愛情片的女主角，你會想到什麼形象？《亂世佳人》中的費雯麗？《羅馬假期》中的奧黛麗赫本？還是因《美女與野獸》備受矚目的新世代英國美女艾瑪華森？她們哪一個不是身材穠纖合度，明眸皓齒？她們的翩翩身影即使過了幾個世代，仍烙印在人們心中，永遠難忘！

那如果愛情片的女主角，身材胖嘟嘟，肥到沒有腰身，經常傻笑，缺乏自信，有著雀斑的臉蛋只能稱得上清秀，這樣的女主角會獲得觀眾的喜愛嗎？

2001 年的英國浪漫喜劇電影《BJ 單身日記》（Bridget Jones's Diary）的女主角，就大大顛覆了我們對女主角的刻板印象。《BJ 單身日記》改編自作家海倫·菲爾丁（Helen Fielding）的同名小說。敘述單身女郎 BJ 有一年元

大多數女孩就像《BJ 單身日記》裡的女主角，日日與肥胖作戰，也不知道茫茫人海中，能否追尋到幸福的另一半。《BJ 單身日記》訴說了平凡女孩的困境與愛情，原來幸福也能自己掌握，原來愛情並不是遙不可及，難怪獲得很大的迴響。

戒菸永遠不嫌晚

旦醒來，突然驚覺自己已經年過 30，她擔心自己一輩子找不到結婚對象，於是立下志願，要減肥、戒菸酒，同時找個男朋友……為了傳神演出片中女主角，芮妮齊薇格一口氣增胖十公斤，讓自己變成小胖妹，這犧牲不可謂不大。銀幕前的女主角 BJ 穿著「祖母級」的寬鬆大內褲，讓浪漫的床戲搞笑到噴飯……她的精彩演出也獲得當年奧斯卡最佳女主角提名。

抽菸傷全身

在電影中，女主角除了努力想擺脫肥胖，她最想戒掉的壞習慣，就是「抽菸」。想想看，一位清新可喜的美女如果嘴上刁根菸，那是多麼煞風景的畫面，更何況，抽菸還有害健康呢！

抽菸幾乎會傷害身體每個器官，對身體健康造成嚴重的負面影響。根據美國疾病控制及預防中心（CDC）報告，抽菸在美國每年造成 48 萬人死亡，將近五分之一的死亡是因抽菸所引起，這是一個可怕的數字。

許多人都知道抽菸會增加肺癌的機率，不過抽菸的危害不僅於此。

有位 60 多歲的患者曾經因為膀胱癌接受過兩次手術。

在一次例行回診中，透過精密的光學內視鏡，我發現在膀胱後壁有一顆像海葵一樣軟體動物的東西，輕輕搖曳著觸手，狀似透明，包裹著供給養分鮮紅色的血管，在強光照射下，絢麗奪目。我嘆了一口氣，這看似美麗的柔軟組織，卻是膀胱惡性腫瘤復發。

「你還在抽菸哦！」回到診間，我說。

「……」患者默不作聲，下意識的遮了一下胸口的長壽菸盒。他看起來很沮喪。這是第二次腫瘤復發，若膀胱癌有肌肉層的侵犯，可能要面對膀胱全部切除。

「是啊，醫師有跟我說過不要抽菸，可是……可是抽菸都抽 40 多年，一下子也戒不了。」患者忽然理直氣壯起來。「對了，抽菸不是和肺癌有關嗎？怎麼和膀胱癌也有關係呀！」

「當然有關係。香菸裡的有毒物質從肺部吸進去，最後從哪裡排出來？抽菸會增加罹患泌尿系統癌症的機會！」我接著說：「其實不只是肺癌，抽菸會引發身體裡許多器官的癌變。為了健康，不要猶豫了，趕快戒菸吧！」

後來，我替患者用內視鏡將復發的膀胱癌切除，還好沒有肌肉層的侵犯，接下來每 3 個月定期追蹤，沒有再發現腫瘤復發。

「您……還有在抽菸嗎？」為患者做膀胱鏡時，我邊告訴他好消息邊問。「戒了！」他堅定的說。「我想，是抽菸重要還是命重要？老婆也罵我，把我的打火機、菸灰

戒菸永遠不嫌晚

缸通通丢到垃圾桶。反正，已經半年沒碰過香菸了。」

「太好了！要堅持下去喔！」

抽菸真的是有百害而無一利，包括：

1. 肺部

癮君子將菸吸入肺部，呼吸道及肺部的細胞首當其衝，深受其害。香菸當中的焦油是元兇。抽菸者罹患肺癌的機會是一般人的二十五倍，還會造成慢性阻塞性肺病、肺氣腫，還有慢性氣管炎。

2. 循環系統

香菸的尼古丁成分會造成血壓升高，增加心跳速率，而且造成血液中的膽固醇上升。抽菸者罹患心臟血管疾病、中風的機率為不抽菸者的兩至四倍。

3. 消化系統

抽菸會增加消化系統癌症的機會，例如口腔癌、食道癌。此外，罹患胃潰瘍、膽結石、胃癌的機會也會增加。

4. 泌尿系統

抽菸會增加罹患膀胱癌、輸尿管癌，以及腎臟癌的機會。抽菸可能會影響膀胱功能，造成頻尿或排尿障礙等。

5. 生殖系統

　　抽菸影響男性精蟲的品質，讓精蟲的數目減少，可能造成不孕，並增加胎兒缺損以及流產的機會。對於想懷孕的婦女，抽菸的影響更大，會讓婦女更難受孕，懷孕之後如果抽菸會增加早產的機會，造成胎兒體重過輕，嚴重影響孩子的健康。

6. 眼睛

　　香菸中許多化學物質會影響眼睛的健康，尤其是視網膜。視網膜中的黃斑部有許多微小的血管，抽菸會對其造

抽菸的壞處

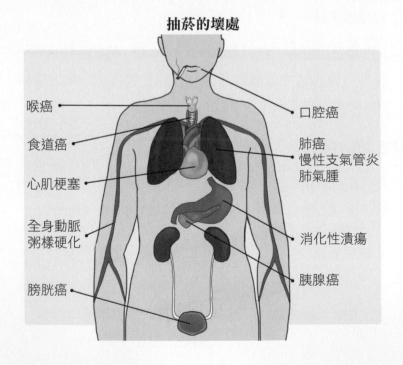

喉癌

食道癌

心肌梗塞

全身動脈
粥樣硬化

膀胱癌

口腔癌

肺癌
慢性支氣管炎
肺氣腫

消化性潰瘍

胰腺癌

戒菸永遠不嫌晚

成無法彌補的傷害。

👓 戒菸永遠不嫌晚

　　許多癮君子會問：抽菸這麼多年了，現在戒菸來得及嗎？答案是肯定的。根據美國 CDC 的資料指出：如果戒菸1 年，心臟病發作的機會將大幅下降；戒菸 2 至 5 年內，中風的風險與不抽菸者相同，罹患口腔癌、咽喉和膀胱癌的風險在 5 年內會下降一半；戒菸 10 年後，罹患肺癌的風險下降一半。這樣說來，戒菸永遠不嫌遲，應該馬上戒菸！

　　曾經有個笑話。有人說：「戒菸有什麼難的？我都戒十幾次了！」這也代表要戒掉壞習慣真的不容易。只靠自己更是難上加難，建議可以先從以下方法開始：

1. 集合眾人之力

　　先將抽菸相關的物品從身邊清除，如香菸盒、打火機、菸灰缸等。同時讓家人和朋友知道你在戒菸，一起幫助你。

2. 利用替代物

　　使用戒菸藥品，如尼古丁咀嚼錠、尼古丁貼片或藥片。

3. 用其他興趣分散菸癮

當菸癮來的時候，找其他的事做來分散注意力，例如打球、跑步或下廚煮喜歡吃的東西。

4. 自我鼓勵

決心是最重要的。可以寫一些標語，為自己打氣。

如果還是遇到困難，行政院衛生福利部國民健康署設有戒菸治療管理中心，也可以向相關單位尋求協助。

• • •

「天哪！我又胖了 1 公斤，我完了⋯⋯」是不是也聽過身邊的女孩發出類似的哀嚎？《BJ 單身日記》寫下的是女孩的願望：減肥、戒菸，還有美好的戀情⋯⋯何其單純卻重要！減肥或許不容易，戒菸卻是刻不容緩，做好健康管理，保持一顆美麗助人的心，或許，他就在不遠處等妳。

 鄒醫師 ｜ 健康 小 叮 嚀

二手菸危害大

所謂一人抽菸，眾人遭殃，真是一點也沒錯。

抽菸對身體有很大的傷害，對心肺、消化以及泌尿系統影響尤其深，不僅危害自己，對周邊的人也有不利影響。您身邊的家人、朋友若吸入二手菸，也會增加罹患肺癌、心臟病、中風的危險。您怎能忍心傷害摯愛的家人呢？戒菸永遠不嫌遲，馬上行動吧！

戒菸永遠不嫌晚

神奇的皮膚自癒力
從《功夫》談傷口的癒合與感染

那是個黑暗的時代，惡人橫行，暴力讓善良的百姓呻吟哀號……但是沒有人敢反抗。你再也忍不住了！

你緩緩站起，挺身而出。

「幹什麼！小子，你活得不耐煩了？」赤裸著胸膛的惡人手持狼牙棒，怒喝！

「你們這些惡徒，我……是來收拾你們的！」此時夕陽穿透黑霧，將你的身影拉成巨塔，巍峨矗立於暮色蒼茫中。

「哈哈哈哈……」惡人一陣狂笑，說時遲，那時快，你使出上乘武功「如來神掌」、「無形劍氣」，狂笑聲瞬間凝結，不到一盞茶的時間，惡人筋裂骨折，於地上翻滾哭喊著：「大俠……饒命……」

濟弱扶傾，俠之大者。原來，你就是傳說中擁有超凡

泌尿科醫師的電影處方箋

動盪不安的年代，連武功高手都隱姓埋名，藏身於市井之中，卻仍遭受黑幫欺壓。周星馳飾演的街頭混混天賦異稟，一夕之間成為蓋世高手，將斧頭幫等惡人打得落花流水，拯救全村。《功夫》將你我想成為大俠的夢想發揮得淋漓盡致。

神奇的皮膚自癒力

入聖的武功，能拯救世界的一代大俠！

　　小人物夢想成為武功高強的大俠，這個夢在卡通《功夫熊貓》出現過，2004 年周星馳擔任導演、編劇兼主演的電影《功夫》（Kung Fu Hustle），更將之發揮得淋漓盡致。

　　《功夫》的故事設定在 1940 年代的上海，時局動盪，黑幫橫行，其中又以鱷魚幫與斧頭幫最為猖獗。善良的老百姓、武林高手都隱居在市井之中，只求安穩過日子。周星馳飾演的小混混阿星周遊在斧頭幫與小市民之間，本來也想倚仗黑幫勢力欺壓鄉民，但終究良心未泯，在關鍵時刻反過來幫助善良的百姓，對抗斧頭幫還有冷血殺手。阿星在打通「任督二脈」之後，神功大成，成為絕世武功高手，並使出「如來神掌」力抗強敵，將壞蛋打得屁滾尿流！這種戲劇化的轉變，加上各種武功招式、無厘頭式的喜劇風格，讓觀眾大呼過癮，讓《功夫》一片創造了驚人的票房紀錄，不僅在華人地區，在美國也大受好評，是美國 2005 年度外語電影票房冠軍。

傷口癒合四階段

　　片中，周星馳還是街頭混混時，笨手笨腳行刺「包租婆」，飛刀射出，未見傷敵，反而刺傷自己，身上插了好幾把利刃，讓觀眾看得哈哈大笑。受傷了怎麼辦？

「咦？你的傷呢？」朋友問。

「全都好啦！」周星馳甩甩胳臂，沒事！

原來他有奇特的能力，於短短數小時之內，外傷盡數恢復。不過，那是電影，一般人的身體可沒有那樣的神奇復原功力。

現實生活中，每個人從小到大幾乎都發生過各種皮膚創傷，可能是走路時跌倒破皮、被動物咬傷、切食物時被刀子所傷，或是嚴重車禍造成的皮肉迸裂傷等。依傷口嚴重性，可能只傷及表皮，也有可能傷及真皮層或甚至是皮下脂肪層等更深的組織。受傷後，組織如何復原？

傷口的癒合是複雜而奇妙的過程，主要可分為四個階段：

1. 凝血期

幾乎是受傷之後立即啟動。血液中的血小板扮演著重要的角色，將血液凝結。受傷的組織釋出讓血管收縮的物質，以減少血液流失。炎性細胞聚集到受傷部位，準備進入下一個階段的修復。

2. 發炎期

血管通透性增加，血流量增加，帶來修復必需的發炎細胞，以對抗可能發生的感染。傷口因為組織腫脹，局部組織的缺氧而感到疼痛。

3. 增生期

此階段「上皮形成」是我們肉眼看到傷口癒合最神奇的部分，受傷之後 24 至 48 小時，從傷口邊緣新生許多細胞，形成新的上皮，將傷口覆蓋，與外界的環境隔絕。接下來還有纖維組織增生、新生血管增生等一連串複雜的組織再生。

4. 成熟期

膠原重塑，傷口逐漸進入穩定成熟的階段。

小心傷口感染

「醫師，預約門診拆線的時間是後天，可是從兩天前開始，我的傷口愈來愈痛，還有臭臭的分泌物流出來，這樣是不是發炎了？」

這位病人有糖尿病，控制的並不理想，這次因為外傷至急診室縫合。位於小腿的傷口又紅又腫，還有黃色的膿從傷口邊緣滲出。

「這可能是傷口感染了，我必需把傷口打開。」

「蛤！已經擔心傷口長不好了，還要把它打開？！」病人大吃一驚。

「不打開不行，你看，膿包在裡面，如果不適當引

流，感染會更嚴重，傷口也不會好，反而延後復原的時間。」

將縫線挑開，膿汁像「爆漿」一樣噴出來。我將傷口周圍擠壓，讓分泌物流出，接者在傷口上放上敷料。

「醫師謝謝你！傷口的疼痛馬上就好多了耶！」病人感激的說。

處理傷口時，如果傷口表面有沙石，需用大量的生理食鹽水沖洗乾淨；如果是較深的傷口，有玻璃或是木屑等異物，要請醫師將之取出，傷口才能癒合。以適當的敷料覆蓋傷口，並保持濕潤，可加快癒合的速度。

有時傷口復原過程不一定會很順利，某些狀況會影響傷口癒合，如上述例子中的糖尿病患者，或周邊神經病變的患者等。又如香菸中的尼古丁會造成血管收縮，對傷口癒合也有不利的影響。2003 年 L.T. Sorenson 等人在《外科年鑑雜誌》（*Annals of Surgery*）的論文，針對抽菸者傷口癒合的研究發現，抽菸族群傷口感染機會是 12%，不抽菸組為 2%；同時也發現，在接受手術之前 4 週戒菸，對於降低傷口感染有正面的幫助。

無論是外傷或手術，最擔心的就是傷口感染。如果有細菌進入傷口，傷口癒合的過程會大受影響，典型的症狀為紅、腫、熱、痛，也可能有黃色的膿流出。

神奇的皮膚自癒力

傷口感染的跡象

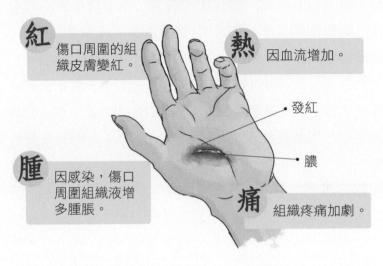

紅 傷口周圍的組織皮膚變紅。

熱 因血流增加。

• 發紅

• 膿

腫 因感染，傷口周圍組織液增多腫脹。

痛 組織疼痛加劇。

有以下狀況時較容易有傷口感染：

‧糖尿病患者。

‧人類或是動物的咬傷。

‧傷口當中有異物，如玻璃、木屑。

‧免疫系統較差，如接受類固醇治療或是化學治療的人。

當懷疑傷口有感染跡象，應立即就診，醫師會視情況，可能需抗生素治療，較嚴重者甚至需要將傷口打開，將膿引流。

• • •

周星馳的電影將小人物的生活與夢想串成搞笑的橋段，讓人哈哈大笑，卻是笑中帶淚，淚中帶著會心的溫暖。電影配樂也悉心挑選，〈薩拉沙泰：流浪者之歌〉，音樂雷霆萬鈞，更顯「大俠」出場的可笑；而片尾曲〈只要為你活一天〉是 1972 年劉家昌寫的曲子，當年由玉女歌星尤雅主唱，濃濃的懷舊風格，更唱出電影中懷念的善良溫暖，以及於艱困環境中相濡以沫的小人物的真摯情感。

 鄒醫師 ｜ 健康小叮嚀

大傷口最好就醫處理

較小的傷口或輕微的擦傷，許多人會選擇自行處理，但是較深、較大的傷口，還是建議請外科醫師以手術縫線將傷口縫合，能讓傷口有較好較快的癒合，也避免嚴重的疤痕產生。

受傷後若傷口有紅、腫、熱、痛、化膿，應請醫師診治。如出現發燒、畏寒，代表可能有嚴重感染並有全身性的症狀，應立即就醫。

神奇的皮膚自癒力

是危機還是轉機？
從《白日夢冒險王》談男性中年危機

· · · · · · · · · · · · · · · · · · ·

　　有天，一位朋友來找我，因為他懷疑自己進入「男性更年期」。

　　「抽血結果顯示，你的男性荷爾蒙數值在正常範圍內。」我告訴他。

　　「不是男性更年期嗎？」朋友聽到檢查結果，不但沒有開心，反而眉頭深鎖。

　　「可是，男性更年期評量表中，『是否生活沒樂趣？是否覺得悲傷或沮喪？』這些症狀我都有啊！究竟哪裡出了問題？」

　　朋友說，有一天午夜醒來，他突然問自己，辛苦了大半輩子，究竟是為了什麼？事業發展不如預期，工作日復一日。孩子處於叛逆期，懶得跟老爸說話。與太太的感情不若以前親密，性生活就像例行公事，一點熱情也沒有，

甚至有時「欲振乏力」，性生活的不協調讓夫妻雙方更沮喪。

他對現實生活覺得「真是受夠了」，很想拋下一切，獨自搬到另外一個城市或國家找個新工作，展開新的生活……雖然有這個想法，卻沒有勇氣這麼做，情緒低落，有時也會陷入憂慮……

我告訴朋友，他可能不是單純男性荷爾蒙問題，而是面臨中年危機（midlife crisis）了。

看著朋友，我想起 2013 年的一部電影《白日夢冒險王》（The Secret Life of Walter Mitty）。劇中，班·史提勒飾演窩在雜誌社底片檔案室的中年男子，他的工作就是管理好一張一張的底片。這看起來實在是無聊到無以復加的工作，不過他以「白日夢」面對生命種種挫折。有一天，他找不到重要的「25 號底片」，因為面臨可能失業的危機、他決定走出原本封閉的生活，出發前往位在北極圈的格陵蘭，尋找攝影師。沒想到接下來他做了許多想都沒想過的事，用滑板飛馳而過廣闊荒涼的大地、搭乘直升機、在大海裡跟鯊魚搏鬥，還在喜瑪拉雅山孤身跋涉，成為一個不折不扣的「冒險王」，人生也就此改變。

有時，面對現實中的束縛與壓力，我們只能在「白日夢」中反擊！但是，白日夢不能永遠做下去。提起勇氣，從那個小小封閉的房間走出來吧，實踐你的夢想，發揮生命的內在力量，或許你會看見更真實的自己！千萬別讓夢想永遠只是白日夢。

👓 中年的身心考驗

　　這個男人怎麼了？一點也不像原來的自己，步入中年，面對職涯危機，他竟然成為一位超級猛男？他想顛覆過去的自我，難道是因為他有中年危機？

　　「危機」兩個字，不見得貼切，有人建議用「中年轉變」（transition）。人到中年，會想有一些改變，並不全然

是壞事。

所謂「中年」，大約界定於 35 至 55 歲之間。「危機」可能因一些新的事件引發，如最小的孩子即將離家到外地求學，面臨空巢；工作面臨危機；人生即將邁入另一個十年；或是面對生命衝擊，如父母的過世。

中年危機可能發生在男性或女性，表現上有所不同。男性因為有社會壓力和包袱，中年時可能會檢視自己在家中的價值，也會思考起自己工作成就是否達到預期等。另外，中年也可能開始出現健康上的問題。年輕時的超時工作，放縱菸酒，到中年時可能讓健康開始亮黃燈，高血壓、糖尿病、心臟病等慢性病一一來臨，更讓中年男性的心理健康雪上加霜。

小心憂鬱上身

值得注意的是，此時若伴隨某種程度的憂鬱症，可能就需要接受適當的幫助和治療了。男性憂鬱症好發年齡為中壯年，臨床表現確實與「男性更年期」量表有重疊。「男兒有淚不輕彈，只是未到傷心處」，男性承載社會的期待與壓力，不敢，也不願意示弱，又不若女性有較多的人際情感的支持，遇到身心的狀況，往往不知道如何面對。如果在過去 2 週中，每天大部分時間都感到做事缺乏興

是危機還是轉機？

趣、情緒低落、沮喪，甚至絕望，很可能有憂鬱症。建議盡快請精神科專科醫師診治。

如何分辨是「男性更年期」還是「憂鬱症」呢？「病人健康問卷」（PHQ-9）可以做為參考，讓您檢視自己在過去 2 週中是否有以下情況。

病人健康問卷

在過去兩個星期，你有多常受以下問題困擾？請勾選你的答案。

	完全沒有	幾天	一半以上天數	近乎每天
1. 做事缺乏興趣或樂趣。	0	1	2	3
2. 感到低落沮喪，或絕望。	0	1	2	3
3. 難以入睡或熟睡，或睡得太多。	0	1	2	3
4. 感到疲倦或精力不足。	0	1	2	3
5. 食慾不振或過度飲食。	0	1	2	3
6. 覺得自己非常差勁 —— 或覺得自己是個失敗者或令自己或家人失望。	0	1	2	3
7. 難以集中精神，例如閱報或看電視。	0	1	2	3
8. 連別人也察覺得到您的動作或說話緩慢；或相反 —— 心緒不寧或坐立不安，比平時有更多的走動。	0	1	2	3
9. 有尋死的念頭或有某程度自殘的想法。	0	1	2	3

泌尿科醫師的電影處方箋

結果

如果分數超過 10 分，症狀呈現至少達 2 週以上，很可能有憂鬱症。建議盡快請精神科專科醫師診治。

...

我和朋友好好聊了一個下午，發現他和青春期的孩子為了升學問題父子關係緊張，可能是壓力來源；而夫妻對於管教方式看法不同，時常爭吵，也影響了親密度，連帶可能造成房事的不順遂。我建議他多尊重孩子的想法，對太太多一些關懷與體貼，也建議他嘗試規律運動，例如散

中年危機，有人會做出不理性或瘋狂的事，例如買部紅色超炫的跑車。

是危機還是轉機？

步、快走釋放壓力。

過段時間，他告訴我，孩子升上高中後，變得比較懂事，暑假安排了環島旅遊，與太太的關係也改善了。

「還想丟下老婆小孩，一個人搬到另一個國家嗎？」我問。

「幹嘛？喝西北風啊！哈哈，」他笑著說：「還有，規律運動真的很有效，看來，我不必找你拿『威而鋼』了」。

面對中年危機，有些人會做出不理性的決定或瘋狂的事，例如衝動的將原有的工作辭掉；買部超炫、超酷的紅色跑車；甚至拋下原來的生活，自我放逐。班‧史提勒飾演的「冒險王」最後終於走出白日夢，以令人無法置信的勇氣長征極地，探索喜馬拉雅高峰，追求身、心、靈的幸福。人不能整天做白日夢，但是人活者，不能沒有夢。中年危機，也是轉機，如果你相信自己，請邁開你的步伐，走出戶外，向自己的「白日夢」微笑，前進。

（本文「憂鬱症」內容承中國醫藥大學精神科吳博倫主治醫師閱稿，並提供馬偕醫院劉珣瑛主任之 PHQ-9 中文版，謹此致謝。）

鄒醫師 │ 健 康 小 叮 嚀

如何面對中年危機

面對中年危機,美國精神學家 Lynn Margolies 博士有以下建議:

1. 有想脫離家庭、工作、婚姻的念頭,代表有些問題待解,但這些問題可能隨著時間而改變或消失,所以請不要衝動。

2. 將注意力放在讓人生美好並快樂的部分。想一想,如果失去這些,會有什麼感覺。

3. 做出重大決定之前,找個人好好聊一聊,可以是好朋友或是心理健康專家。

4. 中年危機也是轉機,如果覺得需要做些改變,千萬不要影響或傷害身邊摯愛的人。你可能會想回到大學進修、旅行或創業,請確認新目標是實際且能自己掌握的。

是危機還是轉機?

偉大的模仿者
從《風起》看結核病與人類的糾結

《風起》(日文：風立ちぬ)是動畫大師宮崎駿宣布退休前，最後一部長篇動畫。內容以日本「零式戰鬥機」的設計者堀越二郎的故事為藍圖，描述了堀越二郎對理想的熱情與堅持。

宮崎駿創造的作品，包括《龍貓》、《天空之城》、《魔女宅急便》等，早已經是動畫影片的傳奇，陪伴我們成長，也繼續影響未來的世代。不過大師「封關」之作，並沒有再創造一個像「龍貓」、「小魔女」虛構的角色，而是選擇描述一位真實存在過的人物：堀越二郎。在宮崎駿的動畫中，真實人物的夢想仍然無比綺麗，觀看時彷彿也跟著小男孩坐上螺旋槳飛機，在噗噗震動的引擎聲中飛上藍天白雲，與鳥兒一起飛翔，看綠色的草原和樹林如地毯般快速捲動。

*泌尿科醫師*的電影處方箋

在《風起》裡，堀越二郎說：「我唯一想做的，是打造美麗的事物。」
宮崎駿大師一生打造的，不正也是創造出美麗的動畫世界？電影末
尾，無數戰鬥機閃耀著銀色的光芒，劃過天際，卻一一墜毀在戰火
的灰燼。宮崎駿沒忘記對戰爭的省思，相信這是他對人類無知、殘
忍的行為最後的凝視吧。

226

而其中最牽動我情緒的，是劇中主人翁與女主角里見菜穗子浪漫淒美的愛情。命運的力量，如風一般驟然飆起，也如風遠颺。電影一開始，在快速移動的火車，男主角的帽子隨風，如命運之神的帶領，吹到另一節車廂女主角的手上；數年後，因為一陣風起，兩人再度重逢。「Le vent se lève, il faut tenter de vivre」（風吹，唯有努力試著生存）。這句源自法國詩人保羅・瓦勒里（Paul Valéry）的名句，貫穿了全篇動畫的精神。

棘手的公衛問題

在動畫中，女主角菜穗子得到肺結核，病弱卻充滿生命力的她，最後選擇悄然離開，如風消逝，讓這段愛情故事更加動人。

1930 年代，結核病仍是無藥可醫的病。肺結病在人類疾病史上，不知奪走多少人生命！根據紀錄，18 世紀的歐洲，每 10 萬人有 900 人死於結核病。1882 年，德國醫師柯霍（Robert Koch）發現結核菌，但是直到 1944 年鏈黴素（Streptomycin）發明，人類才能有效對抗結核病。

《風起》的女主角當然不是結核病唯一的受害者，中國文學名著《紅樓夢》的林黛玉，因肺結核香消玉殞。義大利著名作曲家普契尼膾炙人口的歌劇《波西米亞人》，

227

男主角在黑暗中尋找鑰匙，觸摸到女主角咪咪冰冷的小手，愛苗熾燃，遂唱出優美的詠嘆調〈多麼冰冷的小手〉，卻不知女主角是否可能已經罹患肺結核，因此纖纖玉手如此冰冷？

雖然新的抗結核藥物陸續被開發出來，結核病對人類就不再造成威脅了嗎？其實不然。2014 年，全球有 960 萬名開放性結核病患者，150 萬例死亡，死亡者當中有 95% 是來自開發中國家。看來，結核病仍然是棘手的公共衛生問題。

台灣的狀況如何呢？台灣每年約有 1 萬多名結核病新增病例，約 1 千人死於結核病，從資料看來，結核病在台灣沒有絕跡，對民眾的健康及生命仍造成重大的威脅。其實，若能依醫師處方服用抗結核藥物 6 至 9 個月，結核病有極高的機會可以治癒。

結核病是由結核桿菌所引起的疾病，是全球性的慢性傳染病。主要傳染途徑是經由飛沫與空氣傳染。帶菌的結核病患者在咳嗽、說話或大笑時，帶有結核桿菌的飛沫可能會散布在空氣中，如果不小心吸入，就有可能感染。因此，如果與結核菌帶菌患者長期接觸或同處一室的家人，感染的機會比較高。

結核菌的感染與一般我們較熟悉的感冒病毒不同。結核菌進入人體，一般不會馬上發病。大約 95% 的人第一次感染會進入潛伏期，只有 5% 的患者第一次感染時，就會

偉大的模仿者

透過血液和淋巴造成肺結核或是肺部外的結核病。

其餘 95% 進入潛伏期的患者並不能高枕無憂，因為結核菌可能長期潛伏在體內，當抵抗力不好，身體狀況不佳時，就有可能發病。一般而言，一生中受到結核菌感染後有 5% 到 10% 的機會會發病。在接觸到病原體後 1 年內發病機會最高，如果在幼童的時候及接觸到結核菌，發病的機會則高達 17%。

👓 可能症狀變化多端

結核病的常見症狀有胸痛、咳嗽、疲倦感、發燒、咳血等。不過這些症狀並沒有專一性，並不能夠據此就診斷為結核病，還是需要經過實驗室檢驗證實，才能夠真正確診。

比較麻煩的是，結核菌不僅影響肺部，其他器官也可能是它侵犯的目標，如淋巴結、腦膜、泌尿系統、骨骼、皮膚還有消化道系統等，所以可說是神出鬼沒，變化多端，因此在醫學上又稱結核病為「偉大的模仿者」。臨床上如果遇到奇怪的病症，讓醫師百思不得其解，往往會想到：這是不是結核菌在搞鬼？

我就曾遇過一名患者，主訴頻尿、膿尿，之前都認為是泌尿道感染，但尿液細菌培養呈陰性；後來做了結核菌

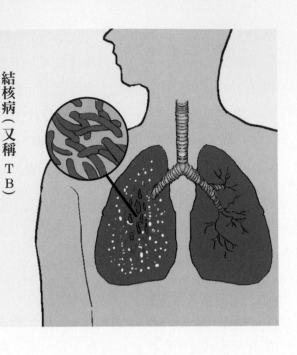

結核病（又稱ＴＢ）

為結核桿菌感染引起，通常造成肺部感染，也會感染身體的其他部位。病原體會藉由開放性結核患者咳嗽、打噴嚏，或說話過程中所產生的飛沫散布。

相關檢測，才證實為泌尿系統結核菌感染。治療方法與肺結核接近，但其造成的後遺症，如輸尿管纖維化造成腎臟水腫，膀胱因纖維化而持續的頻尿、急尿，仍對患者的健康造成長久的影響。

・・・

在動盪的時代，還有疾病的痛苦中，堀越二郎與菜穗子兩人辛苦的相戀，堅定的愛情讓人動容。菜穗子因為肺結核，搬到高山上寒冷的療養院，在冷冽的空氣裡獨自對抗病魔，一邊寫信給男主角，一字一句，是何等孤絕又美

偉大的模仿者

麗的存在！在治療結核病藥物發明之前，這樣的療養也等於是等待死亡的降臨。菜穗子的身影在時光的流沖刷之下漸漸消失，但那愛情的力量，卻在男主角，也在所有觀眾心中持續存在。

　　（本文承中國醫藥大學附設醫院胸腔科梁信杰醫師閱稿，謹此致謝。）

 鄒醫師 | 健康 小 叮嚀

7 分篩檢法

為世界衛生組織提供的結核病簡易評分量表，可供民眾自我檢測：

· 咳嗽 2 週 2 分

· 咳嗽有痰 2 分

· 胸痛 1 分

· 沒有食慾 1 分

· 體重減輕 1 分

如果分數達 5 分以上或咳嗽超過 3 週，建議至各大醫療院所檢查，經過實驗室的檢驗證實，才能夠真正確診。

找回你的原力
從《星際大戰》談如何增強免疫力

．．．．．．．．．．．．．．．．．．

「很久很久以前……」聽起來會不會很熟悉？還有些老套？但是，如果是以下的開場白：「很久很久以前，在遙遠的銀河系……」（a long time ago in a galaxy far, far away…），那感覺就完全不同了，再配合《星際大戰》雷霆萬鈞的管弦樂主題曲，「登登登登……」一股讓人熱血沸騰的熟悉感便油然而生。

從 1977 年第一部《曙光乍現》（A New Hope，上映時片名為《星際大戰》）到 2015 年第七部「原力覺醒」（The Force Awakens），《星際大戰》（Star Wars）系列已經成為科幻電影中的經典。《星際大戰》中有著人類對太空天馬行空的想像、正義與邪惡的對決，絕地武士的光劍，忠心可愛的機器人阿圖（R2-D2），還有 3D 真人投影系統……它開啟了人們的想像，更讓人驚嘆這些竟然都在 1977 年

拍攝的電影中就出現了！

近 40 年時間，《星際大戰》系列陪伴了許多人成長，連美國前總統歐巴馬在白宮記者會都要說：「我得趕去看《星際大戰》了」（I got to get to 'Star Wars'）。

七部《星際大戰》角色人物龐雜，不變的是，有點可笑的帝國風暴兵的白色頭盔；不變的是，混亂的世代，堅守正義善良的力量；沒有改變的，還有「原力」。是的，在這系列描繪未來世界宇宙戰爭的電影中，貫穿全劇最重要的元素，並不是科技，卻是「原力」（The force）。

👓 原力就是你的免疫力

什麼是「原力」？在《星際大戰》中，原力是「所有生物創造的一個能量場，包圍並滲透著我們」。原力無所不在。那麼，你、我的身上也有嗎？

從醫學的角度來看，每個人身上最重要的「原力」，應該就是「免疫力」。

免疫系統負責清除外來的「入侵者」（可稱之為「抗原」），例如病毒、細菌還有其他任何有害身體的病原體。身體內的異常細胞，如癌細胞，也需要身體的免疫系統加以辨識並消除。

免疫系統中的關鍵角色是源自骨髓細胞的 B 細胞與 T

仰望滿是閃亮星星的夜空時，你會不會想著：浩瀚的宇宙，會不會有其他生物？《星際大戰》系列電影，有和你我一樣的人類，更有造型奇特的外星生物、造型可愛的機器人，駕駛著超光速太空船，馳騁在浩瀚無垠的銀河，滿足了我們對外太空的無限想像。

細胞。當抗原出現的時候，身體會產生一連串複雜的免疫反應，直接吞噬或是產生抗體將之消滅。更厲害的是，免疫系統有「記憶效應」，當經過「慘烈的戰爭」將抗原消滅掉後，下次病菌如果膽敢再犯，具有記憶效應的免疫系統會對「入侵者」發動快速猛烈的攻擊，保護身體免於被侵犯。

「醫師，我為什麼會得到癌症？」患者是 50 多歲男性，我看了他的病歷，近 3 年已經得到兩種不同的癌症，還好都是初期，早期發現。

進一步詢問，知道患者長年拚事業，沒有運動的時間，應酬酒宴幾乎天天有，菸酒不離手，更因為壓力太大，經常失眠，需要鎮定劑幫助入睡。

「罹癌的因素很多也很複雜，」我說：「不過我建議你從改變生活型態，增強免疫力開始。」

「什麼？罹患癌症也和免疫力有關？」

其實，每個人每天都可能產生上百個癌細胞，不過身體的免疫系統同時能夠檢測細胞的突變。當免疫系統發現不正常癌細胞，就能夠動員免疫力，抑制並消滅不正常的細胞蔓延。

當身體的免疫力減弱，不僅容易感冒，體內的癌細胞也可能趁機壯大，形成嚴重威脅健康與生命的惡性腫瘤。

增強免疫力的十大方法

如何增進我們的免疫力？美國哈佛大學的研究團隊指出，健康的生活策略，是增進免疫系統的第一步。以下十大方法可以做為參考：

1. 不抽菸

抽菸幾乎對人體任何一個器官都有傷害，對免疫系統也有負面影響。為了健康，還是趕快戒菸。（請見第 201 頁〈戒菸永遠不嫌晚〉一文）

2. 規律的運動

運動能增加血液循環，增強白血球還有抗體的活性，並釋放壓力，增進免疫系統。

3. 保持適當的體重

過重易導致代謝症候群，引發身體的發炎反應。體重過輕可能代表身體營養攝取不足。因此過胖或過瘦對免疫系統都有負面影響。

4. 控制血壓

2014 年，M.V. Singh 醫師發表在《免疫學研究期刊》（*Journal of Immunology Research*）的論文指出，免疫系統在高血壓還有心血管疾病的控制上扮演重要角色。中樞神經系統、情緒壓力和高血壓以及免疫系統都有著微妙複雜的互動。

5. 不要喝酒。如果喝酒，也不要過量

2007 年 Romeo J 發表在《英國營養學雜誌》（*The*

British Journal of Nutrition）的論文指出，過量酒精攝取對免疫系統有負面影響。另一方面也有研究指出，少量的酒精攝取有助免疫能力。不過值得注意的是，酒精對身體可能帶來其他傷害，例如增加罹患食道癌的機會以及對肝臟的影響。

6. 充足的睡眠

2012 年 Luciana Besedovsky 醫師發表於《歐洲生理學期刊》（*Pflügers Archiv European Journal of Physiology*）的論文指出，睡眠周期與身體內多種免疫細胞的活性相關。相反的，如果睡眠狀況不好，對免疫系統有負面的影響。

7. 健康的飲食

這可以說是最關鍵，也是最重要的。西方有句俗諺：「人如其食」（You are what you eat）。吃下什麼食物，不但影響你的心靈，對健康當然更有決定性的影響。建議多攝取蔬菜、水果；儘量食用全穀食品；攝取含不飽和脂肪酸的油脂。

8. 適度補充微量元素

動物實驗顯示，如果缺乏鋅、硒、鐵、銅、葉酸、維他命 A、維他命 B_6、維他命 C、維他命 E 會影響免疫系

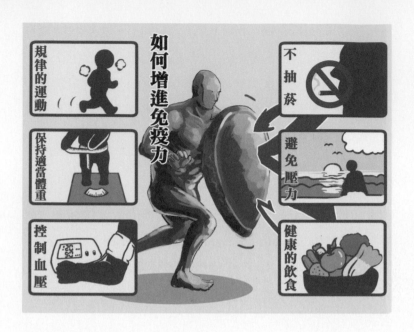

統。均衡的飲食有助於均衡攝取微量元素。服用綜合維他命也是一種選擇。

9. 適度的保暖

有人說：「天氣涼了，記得多穿衣服，小心感冒。」其實造成感冒的是病毒，而並不是寒冷的空氣。但寒冷的氣候也會造成免疫細胞活性下降，影響免疫力。

10. 避免壓力

長期生活或工作的壓力會帶來健康上的威脅。持續的

找回你的原力

社交壓力（social stress）、孤獨（isolation）、憂鬱，都會影響免疫系統。不僅容易感冒，罹患慢性疾病，如糖尿病、心臟病的機會也比較高。

「釋放壓力」是很重要的。運動，是舒緩壓力簡單有效的方法。此外，也有研究指出，冥想、瑜伽對於降低壓力都有幫助。

. . .

1977 年的《星際大戰》末尾，主角天行者路克在發動最重要的攻擊時，身邊的戰友都已經殉難，後有追兵，成功的機會極低，他卻選擇關掉電腦，「相信你的直覺」（trust your feeling），讓「原力」指引他，最後成功摧毀目標，拯救世界！

科技日新月異，多少過去科幻電影中的幻想，如今都已成事實。但是站在醫學的角度，數十年來，人類的身體並沒有什麼改變。新科技讓我們的生活方便，但不一定能讓我們更快樂。想要擁有健康的身體，還是要從最基本的飲食、運動、身心平衡做起。

找回身體的原力，並增強免疫力，和天行者路克一樣放下電腦吧！別再忽略身體發出的訊號，每天花點時間好好照顧身體。朋友，願原力與你同在！（May the Force be with you ！）

泌尿科醫師的電影處方箋

鄒醫師 ｜ 健 康 小 叮 嚀

放下手機，走出戶外

21 世紀的今天，個人電腦、智慧型手機無所不在，Line、Facebook 讓年輕人、小朋友，甚至老年人都黏在手機上！車上如果沒有衛星導航，幾乎不會開車！

不只是身體的免疫力，我們似乎也在逐漸失去心靈的意志力和直覺力。是否覺得原力離你愈來愈遠了？請關掉你的智慧型手機，有空時多多走出戶外，和青山綠水來個約會，找回身體和心靈的原力。

這不是大胸肌
從《你的名字》談男性女乳症

· · · · · · · · · · · · · · · · · · ·

　　你可曾想過，有天睡覺醒來，鏡中的你竟然已經換了一副身軀，不再是原本的自己了？這究竟是在做夢，或者是真實發生呢？2016 年日本動畫家新海誠編劇與執導的動畫《你的名字》（日文：君の名は），就是一個結合身體交換、時空穿梭，以及酸澀愛情的故事。

　　在深山小鎮家族世代經營鎮內「宮水神社」的高中少女宮水三葉，與東京的高中少年立花瀧，從某天開始，在睡夢中就會靈魂互換。一覺醒來，雖然外觀相同，但行為舉止完全是不同的人。「靈魂交換」的劇情聽起來並不稀奇，但是隨著劇情的發展，一場造成巨大毀滅性的彗星撞擊災難，卻讓兩個人的生命產生巨大的變化。雖然在睡眠時交換身體，男孩與女孩竟然存在於不同時空，間隔 3 年，這種不可思議的差距，改變了一場大災難，原本在彗

在彗星撞擊，天崩地裂的巨變之下，人類何其渺小！即使如此，也不能放棄追尋生命與愛情的勇氣。就像男女主角，越過生死，終於見面。在地下鐵擁擠人潮中的匆匆一瞥，或是在這寂寥都市角落錯身而過的瞬間，我看見你……你的名字？說不出來，只知道，似曾相識。

星撞擊喪生的女孩，再度重生，在某個天空下，男孩與女孩穿越了時間與生死，面對面相逢，卻似曾相識！

👓 男性也會乳房腫脹

電影中，男主角在清晨醒來，震驚的發現自己竟然變

這不是大胸肌

成另外一個女孩子的身體，讓人驚訝又好笑的一幕就是，男主角會緩緩撫摸自己的乳房。是的，在此刻，他擁有這個身體，但事實上，這乳房、這身上的一切明明是屬於另外一個女孩的。撫摸「自己的乳房」，這算不算是一種「侵犯」呢？

如果，這不是電影的劇情，如果，男孩子擁有女孩子一般隆起的乳房，那該怎麼辦？有一種狀況，的確會讓男性有著女性乳房的外觀，那就是「男性女乳症」。但若真的發生，相信這個男孩子一定開心不起來。

「男性女乳症」是男性乳房最常見的狀況。大部分發生在雙側，有時候只有單側。一般而言，這並不是一個嚴重的狀況，但有時候會有乳房脹痛感，尤其是胸部外觀與一般男性不一樣，會讓患者覺得很困窘，造成心理或情緒的問題。

會發生男性女乳症，通常是因為體內雌激素與雄性激素（也就是俗稱的男性與女性荷爾蒙）不平衡所造成。常見的原因包括以下幾點：

1. 體內荷爾蒙變化

大家都知道成年女性體內會產生雌激素，其實男性也有雌激素，但是量很少。然而，當男性雌激素水平過高，就可能引起男子乳腺不正常增生。

有三個階段，較容易出現男性女乳症的外觀：

· **嬰幼兒**：有沒有注意到，有些男寶寶剛出生的時候，胸部好像比較大？受到母親雌激素的影響，一半以上的男性嬰兒出生時乳房會增大。一般來說，這現象在出生後的兩、三週內就會消失。

· **青春期**：在這段期間，體內荷爾蒙劇烈變化，引起的男子乳房發育相對較為普遍。在大多數情況下，不經治療，腫脹的乳房組織將在 6 個月至 2 年內消失。

· **熟齡男子**：男性雖然沒有明顯的更年期，但是隨著年齡的增長，雄性激素濃度下降，與體內雌激素相互影響，讓男性乳房發育率在 50 歲和 69 歲之間再次達到高峰。約四分之一的男性可能受到影響。

2. 藥物

許多藥物可引起男子乳腺發育。包括：

· 抗雄性激素：這一類藥物常用於治療攝護腺肥大或攝護腺癌和其他一些病症，如「波斯卡」（Proscar）、「尿適通」等。這些藥物會減少體內雙氫睪固酮 DHT，能減少攝護腺的體積，但同時也影響體內荷爾蒙的濃度，有些病人會因此有乳房增大的困擾。

· 抗焦慮藥：如三環類抗抑鬱藥。

· 治療胃潰瘍的藥物。

· 癌症治療的某些化療藥物。

· 心臟藥物，如毛地黃（Lanoxin）和鈣通道阻斷劑

（calcium channel blockers）。

3. 毒品與酒精

不僅傷害身體，也可能造成男性女乳症，包括：

· 酒精。

· 安非他命。

· 大麻。

· 海洛因。

· 美沙酮。

👓 男性女乳症需要治療嗎？

「排尿狀況還好嗎？」我問。

患者是 60 多歲男性，攝護腺肥大，一直有排尿困難，滴滴答答的症狀。因為有心臟冠狀動脈疾病不適合開刀，我幫他開立 5-alpha 還原酶抑制劑（抑制男性荷爾蒙的藥物），縮小攝護腺。

「謝謝醫師，排尿症狀已經有改善，可是，可是有個問題……」他有點吞吞吐吐。

「他的奶奶變大了！」一旁的太太搶著說，一邊笑著，他也笑了起來。

「可能是因為治療攝護腺肥大的藥物機轉，影響體內

荷爾蒙平衡，乳房會變得大一點。」我解釋。

「不只一點哦，是大很多！」患者說著同時將衣服拉起來……確實，它們「長大了」！

「會很在意嗎？」

「一開始我也不在意，我看那些上了年紀的朋友變胖之後，乳房也會變大，只要衣服穿寬鬆一點就看不出來了，可是，最近有點太明顯了，我擔心夏天穿薄一點的衣服，奶奶太大，看起來真的有點怪！」

我讓患者停止這個藥物，過一段時間，乳房腫大的狀況就漸漸改善了。

正常男性與男性女乳症的乳房

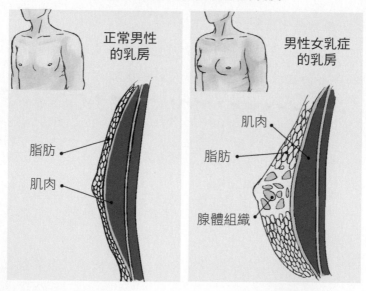

正常男性
的乳房

男性女乳症
的乳房

脂肪

肌肉

肌肉

脂肪

腺體組織

這不是大胸肌

大部分情況下，男性女乳症會自然消退而不需要特別治療。如果是因為藥物所引起，醫師會建議更換不同的藥物。以上述病人為例，如果 5-alpha 還原酶抑制劑造成乳房腫大，可以更換其他放鬆攝護腺的藥物，來改善排尿症狀，同時改善乳房腫大的狀況。但如果是因為某些疾病，例如內分泌腫瘤、營養不良，或是肝硬化所造成，就需要特別的治療。

　　男性女乳症幾乎沒有身體併發症，但可能引起心理或情緒問題。如果持續對於隆起的乳房感到困擾，醫師可能會建議手術，將多餘的乳房組織切除。

　　另一項需要注意的疾病是「男性乳癌」。雖然相對於女性，男性發生乳癌的機會相當少見，但的確可能發生。較常見於老年男性，但也可能發生在任何年齡的男性。愈早發現，治療效果與存活率愈好。

　　和女性一樣，自我檢查是最重要的。如果發現乳房有無痛的腫塊，或是乳房皮膚的顏色異常，乳頭變紅、脫皮或凹陷，乳頭有分泌物，都是警訊，建議立即就醫。

• • •

　　色彩絢爛的動畫，充滿想像的劇情，少男少女間似有若無的悸動情愫，感動了無數人，《你的名字》是目前唯一除吉卜力工作室作品以外，超越百億日圓票房的日本動畫電影。

電影一開始，男女主角交替敘說著對白：「有種奇怪的感覺，彷彿已經失去了什麼？我一直在尋找，尋覓著什麼人？我在尋找——你的名字。」

茫茫人海中，你是否也在尋覓著那個人？探索那個人的名字，那個你心意相通，不需言語也能深知彼此的人？你能遇見那個人嗎？或許，那個人還沒有出生或已經死去？或許，他／她存在於另一個時空，就如《你的名字》中的主角。

 鄒 醫 師 │ **健 康 小 叮 嚀**

男性女乳症的其他原因

身體若有以下狀況，也可能導致男性女乳症出現：

1. 老化：特別是在超重的男性，這影響可能特別明顯。
2. 腫瘤：如睪丸、腎上腺或腦下垂體的腫瘤，造成體內雌激素與雄性激素平衡的改變。
3. 腎功能衰竭：大約一半接受血液透析（洗腎）的病人會產生激素變化。
4. 肝衰竭和肝硬化：影響激素代謝。
5. 營養不良和飢餓：營養不足的時候，體內雄性激素下降，但雌激素水平保持不變，導致失衡。在台灣，嚴重營養不良的狀況已經少見，但是有可能出現在過度減肥的人身上。

這不是大胸肌

身體文化⑭

泌尿科醫師的電影處方箋 28部經典電影，讓你性福・健康有醫劇

作　　者—鄒頡龍
主　　編—李宜芬
封面暨內頁設計—葉馥儀設計工作室
內頁插圖—草原
責任企劃—張燕宜
董 事 長—趙政岷
總 經 理—趙政岷
總 編 輯—余宜芳
出 版 者—時報文化出版企業股份有限公司
　　　　10803台北市和平西路三段二四○號三樓
　　　　發行專線—(○二)二三○六—六八四二
　　　　讀者服務專線—○八○○—二三一—七○五
　　　　　　　　　　(○二)二三○四—七一○三
　　　　讀者服務傳真—(○二)二三○四—六八五八
　　　　郵撥—一九三四四七二四時報文化出版公司
　　　　信箱—台北郵政七九～九九信箱
時報悅讀網—http://www.readingtimes.com.tw
法律顧問—理律法律事務所　陳長文律師、李念祖律師
印　　刷—詠豐印刷有限公司
修訂初版—二○一七年九月一日
初版二刷—二○一七年十月十九日
定　　價—新台幣三二○元
(缺頁或破損的書，請寄回更換)

時報文化出版公司成立於一九七五年，
並於一九九九年股票上櫃公開發行，於二○○八年脫離中時集團非屬旺中，
以「尊重智慧與創意的文化事業」為信念。

國家圖書館出版品預行編目（CIP）資料

泌尿科醫師的電影處方箋：28部經典電影,讓你性福.健康有醫劇 / 鄒頡龍
　著. -- 初版. -- 臺北市：時報文化, 2017.09
　面；　公分. -- (身體文化；CSH140)

ISBN 978-957-13-7112-2 (平裝)

1.家庭醫學 2.保健常識

429　　　　　　　　　　　　　　　　　　106014272

ISBN 978-957-13-7112-2
Printed in Taiwan